DAS GROSSE MERCEDES HECKFLOSSEN-BUCH

DAS GROSSE MERCEDES HECKFLOSSEN-BUCH

Matthias Röcke

HEEL

IMPRESSUM

HEEL Verlag GmbH
Gut Pottscheidt
53639 Königswinter
Telefon 0 22 23 / 92 30-0
Telefax 0 22 23 / 92 30 26
Mail: info@heel-verlag.de
Internet: www.heel-verlag.de

Verantwortlich für den Inhalt:
Matthias Röcke

Satz und Layout:
Fotosatz Hoffmann, Hennef
Lithos:
Lorenz Ellwanger, Bayreuth
Gestaltung und Herstellung:
Georg Grützner, Bonn

Printed in Czech Republic

ISBN: 978-3-86852-821-3

Inhaltsverzeichnis

11. August 1959: Es kann losgehen, die neuen Wagen werden auf der Stuttgarter Rennstrecke Solitude der Presse vorgestellt

Einführung

Bei uns zu Hause fuhr man Käfer. Das war, gegen Ende der fünfziger Jahre, schon ganz komfortabel. Stundenlange Fahrten an die See mit drei Kindern auf der Rückbank und einem in der Gepäckablage kamen uns nicht unbequem vor. Nur ab und zu einmal bekamen wir mit, daß man noch schöner reisen konnte. Dann nämlich, wenn sich eine der seltenen Gelegenheiten bot, in einem Wagen der Oberklasse mitzufahren.

Diese still genossenen Minuten sind unvergessen. Vor allem die Mercedes übten ihre Faszination auf uns Kinder aus, sie waren groß, vornehm, leise und schnell. Sie rochen anders, sie gaben ein anderes Raumgefühl. Und immer wieder ging bei den kurzen Mitfahrten der Blick nach vorn, zum Stern auf der breiten Motorhaube. Man fuhr im Geiste selbst...

Von der Faszination gerade der „Heckflosse" genannten Modelle aus den Jahren 1959 bis 1968 aus dem Hause Daimler-Benz hat sich vieles bis heute bewahrt. Zieht man schwärmerische Erinnerungen der Kindheit ab – da gefällt einem bekanntlich immer das am besten, was man nicht erreichen kann – so bleiben einige Faktoren, die dieser Baureihe eine besondere Stellung in der Geschichte von Mercedes geben: eine sehr markante, Zeitgeist deutlich widerspiegelnde äußere Form, die Idee des Einheitsmodells auf konsequente Art und Weise – das hat es danach nie mehr gegeben unter dem Zeichen des Sterns – und ein großer Schritt in die Zukunft mit der erstmals in Serie verwirklichten Sicherheitstechnik. Diese drei Punkte prägen die „Flosse", wie die Wagen heute kurz, aber liebevoll genannt werden. Und noch eines fasziniert: als die raren Stücke wie der 300 SE oder die Coupés und Cabriolets schon längst gefragte Sammlerstücke waren, lief mancher 220 noch in pfleglicher Obhut des Erstbesitzers und rollten unzählige 190 und 200 in deutschen Landen, vor allem aber im südlichen Ausland, in täglichen Pflichten. Besser kann die Bedeutung einer Modellreihe nicht dokumentiert werden: die einen wollen die Autos vor dem Vergessen bewahren, für andere sind manche Modelle aus der selben Reihe noch immer unverzichtbar für den Broterwerb.

Diese Autos waren in jeder Beziehung ein Einheitsmodell: sie erlaubten und erlauben bis heute auch kritischen Geistern einen Mercedes zu fahren. Alte 190 oder 200 sind für manch einen die Ente in vergrößererte Ausführung geworden, obwohl er „eigentlich" nie Mercedes hatten fahren wollen.

Die vielschichtige Faszination, die von diesen Autos ausgeht, hat bei der Arbeit zum Buch besondere Freude gemacht. Ich hoffe, daß der Leser das mitempfindet und von den schönen Modellen der Mercedes-Heckflosse einen positiven Eindruck gewinnt.

Von verschiedenen Seiten hat die Arbeit zu diesem Buch Unterstützung erfahren. An erster Stelle ist da zu nennen die Abteilung Archiv, Geschichte und Museum der Daimler-Benz AG in Stuttgart-Untertürkheim. Der Leiter des Archivs, Rainer Karnowski, und sein Team leisteten freundlich, unkompliziert und selbstverständlich sachkundig entscheidende Hilfe. Dafür sei ihnen herzlich gedankt. Mit offenen Armen aufgenommen wurde ich mit meiner Buchidee von der IG Ponton, die sich in besonderem Maße auch um die Heckflosse bemüht. Hartmut Frey und Wolfgang Knauth und besonders der „Cheftechniker" Helmut Baaden gaben Tips und Einblicke in die Welt dieses Autos und die des Clubs. Kurt Kruliks Motorarchiv mit seiner phänomenalen Prospektesammlung war die wertvolle Quelle für diesen Bereich, Roland Rittmann sorgte mit seiner sicherlich einmaligen Modellsammlung für den Grundstoff des entsprechenden Kapitels. Eine interessante Begegnung mit dem Konstrukteur Béla Barényi lieferte wertvolle Hintergründe für den Beitrag zum Thema Sicherheitstechnik. Die Firma Miesen in Bonn gewährte Einblick in ihre hochinteressanten Fotoalben. Geholfen haben im Endeffekt alle Besitzer einer Mercedes-Heckflosse, deren Autos in diesem Buch zu finden und die mir im Laufe der Arbeiten begegnet sind. Bei allen bedanke ich mich.

Matthias Röcke
im November 1989

Die Heckflosse und ihr Nachfolger. In der Gunst der Liebhaber fährt aber das ältere Modell vorneweg

Vorsichtig im Trend der Zeit

Jedes neue Auto wird in aller Regel positiv aufgenommen, sowohl von der Fachpresse, den anderen Medien wie auch vom Publikum. Es soll ja schließlich auch den neuesten Stand der Technik verkörpern, den soeben in die Tat umgesetzten Fortschritt. Jeder Beteiligte soll das Gefühl haben, mitzuerleben, wie eine neue Etappe der technischen Entwicklung erreicht wird.

Wer ein wenig innehält in einem solchen Moment, erinnert sich vielleicht ein halbes Jahr zurück, als der „Alte" noch aktuell war, ein gutes, schönes Auto darstellte, das gar nicht den Eindruck machte, es müßte auf der Stelle abgelöst werden. Oder er erinnert sich an den Tag, als der Alte taufrisch war und jubelnd begrüßt wurde. Die Vorzüge des Autos hatten sich inzwischen herumgesprochen, der Wagen hatte sich bewährt, ein paar Nachteile waren natürlich auch bekannt geworden. Und nun, wo der Neue da war, soll all das Positive von damals nicht mehr zählen?

Im Jahre 1965 wurde die Baureihe 111 bis 112, der 220, 220 S, 220 SE und der 300 SE, aus dem Rampenlicht gezogen und der Vergangenheit zugeordnet. Mit den 220ern hatte die berühmte Baureihe der Heckflosse begonnen, die Rolle der Nobelautos übernahmen in jenem Jahr die neuen 250, 250 S und 250 SE. Der kleine Bruder, der 200 (Baureihe 110) durfte bleiben, zusammen mit den Auslaufmodellen des 230.

War der Neue nötig? In ersten Berichten schrieben die Zeitschriften von der weitaus besseren Sicht gegenüber der Heckflosse dank der niedrigeren Gürtellinie und der generell vergrößerten Fensterflächen. Das führte zu einer besseren Sitzposition („Man sitzt nicht mehr so im Kasten"), mehr Platz in der Breite hatte der Wagen auch. In der Länge hatte sich fast nichts geändert, etwas niedriger war der Wagen geworden. Der neue Mercedes war optisch eindeutig der große Mercedes. Er sollte sich abheben vom bisherigen Einheitsmodell, er trug die Pre-

Wer schmückt wen? Die drei jungen Damen geben sich ebenso modebewußt wie die neue Limousine in klassischer Zweifarblackierung

stigezahl 250 am Heck. Auf ihn warteten die Aufsteiger unter den Kunden des Hauses Daimler-Benz. Sie waren es leid, mit einem relativ teuren Auto herumzufahren, das der unbedarfte Beobachter auch für ein Taxi halten konnte.

Das war der Hauptgrund für die neue Karosserie. Technische Weiterentwicklung im Motorenbereich hätte sich auch im alten Modell verwirklichen lassen, aber die Mode erforderte ein neues Kleid. Es geriet längst nicht so überzeugend wie das der Heckflosse und blieb deshalb auch nicht in so lebhafter Erinnerung wie das des Nachfolgers. Natürlich, auch der 250 hat später seine Freunde unter den Mercedes-Sammlern bekommen, aber ein so prägnantes Stück Modellgeschichte wie die Baureihe der Heckflosse ist er nicht geworden. Rückblikkend läßt das den Schluß zu, daß der 250 von der technischen Entwicklung her nicht zwingend notwendig war, allenfalls, und das ist für ein Unternehmen allemal Anlaß genug, aus verkaufstaktischen Gründen. Sechs Jahre war der 220, 220 S und 220 SE in Produktion, vier Jahre der 300 SE. Baureihen nach dem 250er ließ Daimler-Benz viel länger im Programm.

Es gab auch Pressestimmen, die die allmähliche Ablösung der Heckflosse bedauerten. Im Katalog „Die Automodelle 1965/66“ heißt es: „Ein Gutteil derjenigen unserer Mitbürger und Zeitgenossen, die sich für des Wirtschaftswunders liebstes Kind halten, wird hinfort kaum mehr den 230 S, sondern den 250 S als den für sie standesgemäßen Nachfolger des 220 S betrachten. Rein sachlich gesehen, wird mit diesem neuen Typ bezweckt, mehr Innenraum, mehr Leistung und mehr Komfort zu bieten, ohne über die Abmessungen der bisherigen Sechszylindertypen hinauszugehen. ... Auffallend sind die vorteilhaft großen Fensterflächen, andererseits aber auch, daß es nicht gelang, dem neuen Wagen wiederum eine derart graziöse und elegante Linienführung zu geben, wie dies bei der bisherigen Einheitskarosserie in beispielhafter Weise gelungen war.“

Die S-Klasse war geboren, die Einheitskarosserie tot. So geht die Baureihe 111/112 als letzte und als die konsequenteste Einheitskarosserie in die Geschichte des Hauses Daimler-Benz ein. Es war in der Tat mutig, 1959 dieses Prinzip noch einmal anzuwenden. Denn schon damals, und nicht erst 1965, hatte sich der Wohlstand so weit verbreitet, waren die Sorgen des Wiederaufbaus nach 1945 überwunden, daß sich der Mercedeskunde in den höheren Preisklassen wieder Gedanken machen konnte, wie er sich vom gemeinen Volk absetzt. Dennoch kam eine Einheitskarosserie, wie man es seit 1945 mehr aus wirtschaftlichen Zwängen gewohnt war (ausgefallene Modelle in Kleinserie wie 300 und 300 SL sind in diesem Zusammenhang nicht mitzuzählen). Daß dies den Absatz der teuren Versionen hemmen würde, wurde in der Fachpresse von Anfang an befürchtet, obwohl die berufsmäßigen Tester selbst in der Einheitskarosse keinen Nachteil sahen. Sie äußerten sich begeistert über das neue Auto. Ihre Begeisterung hielt über die Vorstellung des Nachfolgers (der großen Modelle) an.

Ideal war das Einheitsmodell für die Käufer am unteren Ende der Preisskala. Der Besitzer konnte darauf spekulieren, vom Ruhm der SE einen Hauch abzubekommen. Das motivierte zum Kauf. Und da die 190 und 200, besonders als Diesel, sehr strapazierfähig waren, hielten sich die Autos sehr lange. Manch ein Wagen ging vom Status des Alltagsautos direkt in den des Liebhaberfahrzeuges über. Und während sich in den achtziger Jahren in Mitteleuropa die Liebhaber trafen und ihre „Flosse“ vorzeigten, liefen und laufen sie in Griechenland, auf Zypern und im Iran tagtäglich, zum Stolz ihrer Besitzer. So etwas gibt es nur bei wenigen Autos zu beobachten.

Exakt 10 848 Wagen mit der Heckflosse (einschließlich Coupé und Cabrio) waren im Juli 1989 beim Kraftfahrtbundesamt noch gemeldet. Viele ihrer Besitzer halten die „Flosse“ in Ehren, gaben in den Clubs der „Heckflosse“ den Rang der Ponton-Modelle und sorgen dafür, daß der Wagen nicht in Vergessenheit gerät.

PS: Auch wenn Coupé und Cabriolet in ihrer ganzen Pracht über die typische, die Modellreihe charakterisierende Flosse nur noch andeutungsweise verfügen, zählen sie in diesem Buch dazu. Zu eng sollte man den Trennungsstrich nicht ziehen. Zu ziehen ist er aber in dem Augenblick, als die beiden eleganten Ableitungen der Flossenlimousine die modernen Maschinen der großen Nachfolgelimousinen erhielten.

Einladung in die Welt: mit dem 190 auf Reisen gehen war eine wirtschaftliche Art, sich in der Ferne umzuschauen

Tempo und Eleganz

Reiseberichte gehören in Autozeitschriften, seit es sie gibt. Auf den Reiseseiten läßt sich ablesen, wie weit die Kreise der individuellen Fortbewegungsfreiheit gerade gezogen sind. In der Anfangszeit des Autos gab es Abenteuer zu beschreiben, die wenige Automobilisten in unerreichbar fernen Ländern erlebt hatten. Mit der sich ausbreitenden Idee des Campings ergänzten konkrete Reisehinweise die Berichte aus der weiten Welt. Nach 1939 war das Reisen dann, wie alles, was schön war, zunächst kein Thema mehr.

Nach 1945 ging die Entwicklung in Reiseberichten weiter: der Schwarzwald, das Weserbergland und ganz dezent ein Hinweis auf Alpenpässe, so begann es in „auto, motor u. sport", in „Auto und Motorradwelt", in „Motorrundschau mit NKZ", „Das Automobil PKW, LKW und Bus" und anderen. Man weiß inzwischen, wie es weiterging. Bald störten die Alpen niemanden mehr bei seiner Sehnsucht nach Süden, selbst Kleinwagen waren, laut Werbung, „paßfest", und „auto, motor und sport" beruhigte 1955 in einem Beitrag für Heft 14: „Auch

Stille Pracht: ein 220 S aus der Anfangsserie, zu erkennen an den Radkappen

Anfänger können über die Alpen fahren". Die exklusiven Reiseführer übersprangen jetzt die Meere – abzulesen auch an verstärkter Werbung von Fluggesellschaften im Anzeigenteil – die praktischen Ratgeber waren immer länger unterwegs und präsentierten der Leserschaft Europa konkret.

Reisen nach Italien, die klassische Tour in die Klassik und an die warmen Strände, waren nicht mehr nur eine Frage hoher Einkommen, als die Zeit der Mercedes-Heckflosse begann. Der Verkehr war schon merklich dichter geworden, das Autobahnnetz in der Bundesrepublik wurde intensiv ausgebaut, in anderen Ländern beriet man seine Errichtung, etwa in England und Italien. Mehr denn je machten Autos, zum gedämpften Dahinrollen ebenso geeignet wie zum schnellen Fahren, Freude. Sie durften breiter sein als bisher, sie durften nach mehr aussehen als bisher, und schneller sein sollten sie auch. Deutlicher noch als bei den Mercedes-Limousinen der fünfziger Jahre unterstrichen das die Konkurrenzmodelle des Opel Kapitän. Immer ein Stückchen länger, prächtiger wurden sie und wechselten ihr Gesicht, im Gegensatz zu Mercedes, in dichter Folge.

Das Wirtschaftswunder begann, sich für alle auszuwirken. Die Spitze der Einkommenspyramide wurde breiter, ein Mercedes 220 kam für immer mehr fleißige und erfolgreiche Bundesbürger in Reichweite. Die Phase des Wiederaufbaus war noch nicht abgeschlossen, Arbeiten und Anschaffen hieß uneingeschränkt das Lebensziel der alten wie der jungen Generation. Endlich bequem zu leben in ausreichend großen Räumen, sich etwas leisten zu können, dafür arbeitete man, Angestellte und Arbeiter in der Regel 45 Stunden pro Woche. Erst sechs bis sieben Jahre später begann die Jugend zu rebellieren gegen diesen Lebensinhalt, mit den Studentenunruhen setzte ein allmähliches Abrücken vom ausschließlichen Konsumdenken ein. 1959 aber war an so etwas noch nicht zu denken. Dazu kam, daß der Kalte Krieg noch in vollem Gange war, moderne Industriepodukte unterstrichen Überlegenheit des jeweiligen Wirtschaftssystems am deutlichsten, Ost und West stellten dies immer wieder heraus, der Westen naturgemäß mit größerem Erfolg.

Bescheidenheit war kein Zug der Zeit, Geld wurde vorgezeigt, gerade am Auto. Opulenter Chrom galt als chic (weil er in den USA chic war), und als das nicht reichte, mußte auch noch die Heckflosse her. In späteren Jahren wurde das belächelt, damals fanden es alle schön. Die Chrombeladenen kennt der Oldtimerfreund auch heute noch, den „Barock-Ford", den Opel Rekord mit Panoramascheibe, die Kapitäne und die Miniaturausgaben von ihnen, zum Beispiel DKW Junior und Glas Isar. Keiner aber ist nach seiner aktuellen Zeit so geachtet wie die „Heckflosse" von Mercedes. Ganz aus der Mode war er nie, weil er in seinen robustesten Versionen immer benutzt wurde, besonders als Diesel und in südlichen Ländern. Und schon früh nahmen sich die Liebhaber seiner an. Zwar umgibt Mercedes immer die Aura des Besonderen, eigentlich jeder Personenwagen (und mancher Lastwagen und Omnibus) mit dem Stern wird irgendwann zum Klassiker, bisher jedenfalls. Aber das allein kann es nicht sein.

Ein Geheimnis dieses bemerkenswerten Autos liegt im Styling: Den Trend der Zeit ein paar Schritte mitgegangen zu sein, ihn aber nicht ausgereizt, sondern in vornehmer Zurückhaltung lediglich interpretiert zu haben, das war den Stylisten in Untertürkheim gelungen, das war ein wichtiger Teil ihres Erfolges.

Und noch etwas änderte sich Ende der fünfziger Jahre: der dichte Verkehr auf teilweise noch schlechten Straßen wurde gefährlicher, die Unfälle häufiger, sehr oft

Das Basismodell: Mercedes Benz 220

hatten sie schlimme Folgen. Sicherheitsgurte kamen in jener Zeit auf, aber es sollte noch ein gutes Vierteljahrhundert vergehen, bis sie anzulegen Vorschrift wurde in der Bundesrepublik. Und es dauerte noch etwa ein Dutzend Jahre, bis die meisten neuen Autos Knautschzone, Sicherheitslenksäule, Prallschutz und eine Außenhaut ohne Kanten hatten. Bei manchen dauert es offenbar noch viel länger.

Der neue Mercedes aus dem Jahre 1959, elegant, breit, Spitzenklasse verkörpernd, war der erste Vorreiter des auch nach Sicherheitsaspekten entwickelten Autos. Ein Aspekt übrigens, der bei seiner positiven Aufnahme durch Presse und Publikum noch nicht einmal sehr beachtet wurde. Das neue Kleid war der wichtigste Punkt, für die Technik waren die Leser, selbst der Fachzeitschriften, relativ schwer zu begeistern.

Ein Meisterwerk des Fotografen: das 300 SE-Cabriolet sorgt für die Horizontale, das Ulmer Münster für die Vertikale

Stand der Technik

In großen Schritten war die Entwicklung der Technik in den fünfziger Jahren vorangegangen, nachdem man in den ersten Nachkriegsjahren mit dem Wiederaufbau beschäftigt war und von der technischen Substanz der späten dreißiger und frühen vierziger Jahre leben mußte. Mercedes begann 1947 mit dem zunächst unveränderten 170 und hielt ihn mit einiger Modellpflege bis 1953. Die Weiterentwicklung 170 S aus dem Jahre 1949 stammte stilistisch ebenso von einem Vorkriegsmodell ab, nämlich vom 230, wie der 1951 vorgestellte 220.

Erst 1953 kam mit dem 180 der erste moderne Nachkriegspersonenwagen von Mercedes.

Unter der Haube aber wurde neuen Entwicklungen schon eher Rechnung getragen. Der im Mai 1949 eingeführte Dieselmotor für den 170 erhielt hängende Ventile. Mercedes lag damit im Trend der Zeit, ohv (overhead valves) gehörten zu den Fortschritten im Motorenbau, sie brachten höhere Leistungsausbeute. Benzinmotoren von Mercedes wurden ab 1951 damit ausgestattet, nämlich die 1951 zur IAA in Frankfurt (damals noch im Frühjahr) eingeführten 220 und 300. Sie verkörperten noch einen weiteren Fortschritt: die Maschinen hatten eine oben liegende Nockenwelle. Endgültig zur Spitzengruppe im Motorenbau durfte sich Daimler-Benz zählen, als drei Jahre später der Sportwagen 300 SL mit Einspritzmotor vorgestellt wurde. Zwei Jahre hatte er sich schon im Rennsportwagen bewährt, nun ging er in Serie. Premiere hatte der spätere Klassiker übrigens in New York. Ein Jahr später bekam der 300 S ebenfalls Benzineinspritzung. Eine Klasse tiefer, im 220er, gab es den Einspritzmotor erst ein Jahr vor der Premiere der Heckflosse, nämlich 1958.

Vollsynchronisierte Getriebe, in kleineren Fahrzeugen erst nach und nach in den fünfziger Jahren eingeführt, gab es beim Mercedes 170 schon seit 1940. Mit dem 170 S kam die Einzelradaufhängung vorn in Kombination mit Schraubenfedern. Hinten gab es Pendelachsen ebenfalls mit Schraubenfedern. Die selbsttragende Karosserie hielt dann 1953 mit dem neuen Mercedes 180 Einzug, die ersten Serien hatten einen X-förmigen Oval-Rohrrahmen.

In der Karosseriegestaltung hieß das Schlagwort der frühen Fünfziger Pontonkarosserie. Aus den USA war diese Stilrichtung herübergekommen, glatte, abgerundete Flächen, zunächst wenig verziert, verkörperten den Zug des Modernen. Mercedes folgte dem Trend mit Verzögerung und abgeschwächt, wie später auch bei der Heckflossenbaureihe.

Die Stellung von Daimler-Benz war mit den alten Modellen keineswegs unangefochten. Der Opel Kapitän kam auf höhere Zulassungszahlen als die Mercedes-Modelle, sowohl 1959 zum Modellwechsel in beiden Häusern wie auch im Jahr danach. Außer dem Opel bewarben sich auf dem deutschen Markt um die Kundschaft der Oberklasse im Jahre 1959 BMW mit seinem feinen, aber als Fahrzeug insgesamt veralteten V 8 und der Borgward Hansa 2400. Der große Borgward P 100 war noch „unterwegs", er wird bei seiner Vorstellung, nahezu zeitgleich mit den neuen Mercedes, sicherlich Sorgenfalten in Untertürkheim ausgelöst haben. Denn der Wagen aus Bremen hatte eine gefällige, aber nicht zu modische Karosserie (im Gegensatz zu den Opel Kapitän), er verfügte über moderne Technik wie etwa die Luftfederung und war bei seiner Präsentation ebenso wie die eigenen Neuheiten gut aufgenommen worden. Wer konnte schon ahnen, daß es ihn nicht lange geben würde? Über den Vorgänger Hansa 2400 brauchte sich niemand Gedanken zu machen; nach schweren Rückschlägen in der Anfangszeit der großen Borgwardmodelle litt der an sich gute 2400 unter einem schlechten Ruf und existierte als Konkurrenz 1959 praktisch nicht mehr, es gab ihn noch zu kaufen, die Produktion aber war schon eingestellt.

Der BMW war da schon etwas ernster zu nehmen, in die Nähe der Mercedes kam er jedoch nie. Nach oben setzte er sich durch den Achtzylindermotor ab, der einzige im deutschen Angebot, und die unkonventionelle Karosserieform war etwas für Liebhaber, und deren Kreis bleibt immer beschränkt. Der Kapitän aber war die Zielscheibe der Mercedes-Produktplaner. Zum Glück für Daimler-Benz war das Modell 1959 mit seiner riesigen Panoramascheibe stilistisch ein Flop, es wurde nach nur einjähriger Produktionszeit durch einen wesentlich erfolgreicheren Nachfolger abgelöst, sicherlich ein Negativrekord an Produktionsdauer. Dennoch kam auch die alte Version auf Stückzahlen, die knapp über den Mercedes-Zulassungen lagen. Die starke Anlehnung an amerikanische Formen war modern, spätere große Opel hatten nie mehr die Bedeutung wie die Modelle 1959 und 1960. Mit den Neuheiten beider Häuser von 1959 wuchs das Volumen in dieser Klasse auf dem heimischen Markt sehr, Mercedes mußte weiterhin um Platz eins kämpfen.

Gestellt vom Vorgängertyp: der 220 als Erlkönig auf der Autobahn

Ausländische Wagen in der Oberklasse spielten gar keine Rolle zu jener Zeit, obwohl die Liste der Exoten lang war. Vor allem die Amerikaner boten den exklusiven Ausweich von einheimischen Produkten. Ganz neu war in jenem Sommer der Fiat 1800/2100, er wurde aber auf dem bundesdeutschen Markt kein Erfolg. Auch der große Citroën blieb ein Liebhaberfahrzeug, viel beachtet, wenig gekauft.

In den Preisen gab es durchaus Unterschiede. Der Opel Kapitän kostete in der L-Ausstattung im Frühjahr 1959 glatte 11 000 DM, der 220 S 12 500. Der BMW V8 kam in der einfacheren Version 501 auf 13 450 DM, der große Borgward begann mit 12 350 DM. Zu diesem Zeitpunkt – IAA 1959 – war der neue Kapitän L auf 10 675 DM gesunken (!), der 220 Sb kostete 13 250 DM.

Einige Beispiele der Zulassungszahlen aus dem Jahre 1959 (bei Opel und Mercedes fand im Herbst der Modellwechsel statt):

Opel Kapitän	10 772
Mercedes 219–220 SE	9 455
Citroën	2 759
BMW V6/V8	1 467
Fiat 2100	553
Ford USA	268

Im Jahre 1960 sah die Zulassungsstatistik so aus:

Opel Kapitän	19 825
Mercedes 220-220 SE	16 181
Citroën	3 717
Fiat 2100	1 743
BMW V8	835
Borgward 2,3	481
Ford USA	222

In der Produktionsstatistik für 1959 sind die großen Mercedes mit 28 092 und der Opel Kapitän mit 24 784 vermerkt, im Export hatte Mercedes also spürbar mehr Erfolg. (1960: Mercedes 50 218, Opel 47 446). Ab 1961 rutschen die Opel-Zahlen ab, Mercedes wurde die unbestrittene Nummer eins in diesem Marktsegment, auch bei den Neuzulassungen im eigenen Land.

Die kleineren Mercedes hatten es leichter. Als der 190/190 D in der neuen Karosserie erschien, war er eine Klasse für sich. Schon die alte Reihe hatte eine unantastbare Position. 40 742 der 180/180 D/190/190 D wurden 1960 neu zugelassen (67,8 Prozent als Diesel), produziert wurden 71 614. Als die neue Reihe schon lief, drohte vom BMW 1500 und später vom 1800 Gefahr und das auch nur bedingt, weil der neue BMW mehr die

Auf dem Weg zur Heckflosse: in dieser frühen Konstruktionszeichnung ist die gute alte Ponton-Form unübersehbar, die Dachlinie dem Ziel aber schon nahe

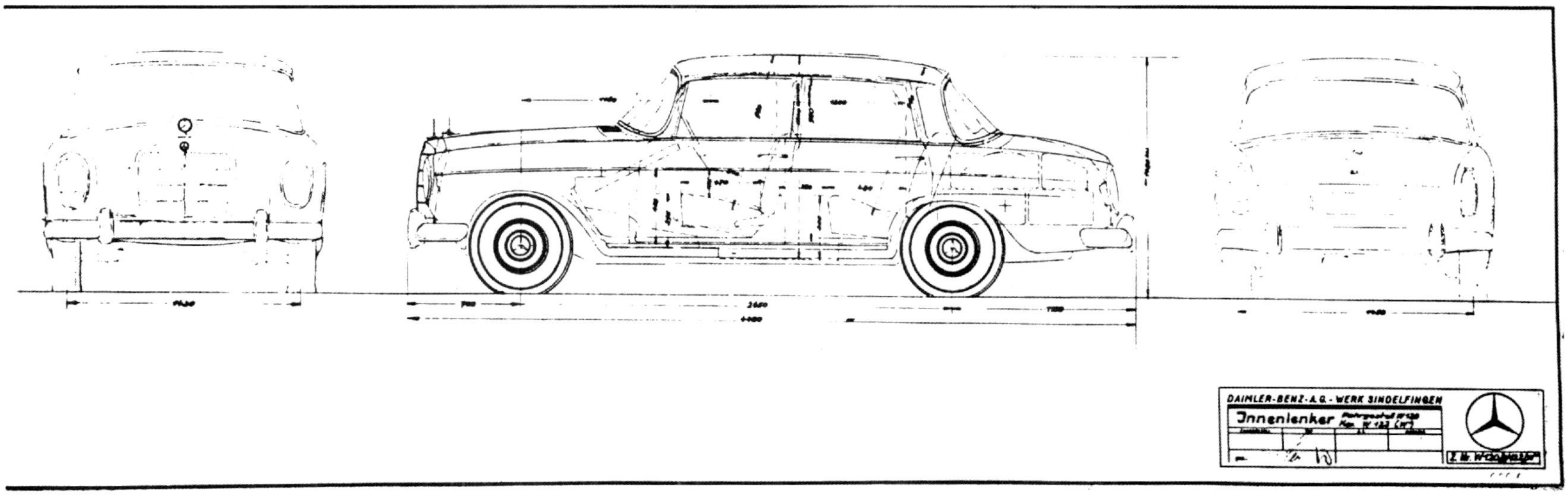

Die Maße stimmen noch längst nicht, die Werte für Radstand und Gesamtlänge liegen deutlich unter den endgültigen

sportlichen Fahrer ansprach (entsprechend war es zuvor mit der Borgward Isabella gewesen). Weder Opel Rekord noch Ford 17 M oder später der 20 M konnten dem kleinen Mercedes etwas tun, sie lagen preislich und räumlich deutlich darunter. Eher war da mit der einfachen Version des Opel Kapitän zu rechnen. Die Lage für Mercedes war hier auch deshalb viel einfacher als in der höheren Klasse, weil niemand sonst außer den nahezu unbekannten Peugeot einen Diesel-PKW im Programm hatte. Der interessante Volvo 121/122 blieb ein Außenseiter.

Neuzulassungen 1960:

Mercedes 180/180 D/190/190 D	40 772
Fiat 1800	2 539
Peugeot 404	1 258
Simca Vedette	236

STYLING

„Heckflosse" werden die Autos dieser Baureihe in der Retrospektive kurz genannt. Dabei fielen die Heckflossen im Vergleich zu den damaligen Vorbildern ausgesprochen dezent aus. Mercedes wollte deshalb von Heckflossen auch nichts wissen bei der Vorstellung – dieser Begriff erinnerte zu sehr an Übertreibungen aktueller US-Autos – sondern sprach von Peilstegen. Zwei weitere aus den USA stammende Stilelemente hatte der neue Mercedes: die Panoramascheibe (Originalton Mercedes: Vollsichtscheibe) vorn und hinten, aber auch die so dezent, daß sie nicht zum Abklatsch von schon Bekanntem, sondern Bestandteil einer völlig neuen Karosserie wurde. Der Hüftschwung fand sich ebenfalls wieder. Wo aber bei Konkurrenten die Karosserie an der C-Säule einen deutlichen Sprung machte, deutete beim neuen Mercedes nur eine kleine, von der Heckabschlußkante bis in die hintere Tür hineinragende, bei den meisten Modellen mit Chrom optisch verstärkte Linie dieses Element an. Denn die neue Form war keine Interpretation amerikanischen Geistes, sie war eine eigenständige Entwicklung. Im wesentlichen orientiert allerdings an der aus Italien kommenden Trapezlinie mit strengen geometrischen Formen und klaren, kantigen Umrissen. Diese reine Lehre verband der Wagen mit traditionellen Elementen des Hauses (Frontgrill) und den erwähnten, aus den USA stammenden modischen Akzenten, näm-

Motor des 200: 2,0-l-Vierzylinder, 95 PS, 2 Vergaser, Drehstrom-Lichtmaschine, 5 Kurbelwellenlager

Mercedes Benz 200 D (1965 – 1967), Hubraum 1988 cm^3, 55 PS bei 4200 U/min, Kurbelwelle 5fach gelagert

Motor des Mercedes 230 - Sechszylinder

Aggregat 230 S: Sechszylinder mit zwei Vergasern und Drehstrom-Lichtmaschine

lich Heckflosse, Panoramascheiben und dem angedeuteten Hüftschwung.

Zwei extreme Stilrichtungen, die Botschaften der Designer aus Europa und den USA, vereinigten sich in den Mercedes zu einer eigenständigen Linie.

Trotz all des Neuen im Aussehen dieses Wagens: Mercedes blieb sich mit dieser Modellreihe treu. War schon der Schritt vom Vorkriegsdesign zur Pontonform zwar konsequent, aber auch unter Wahrung von Traditionen vollzogen worden, so gelang dies auch jetzt. Der neue Wagen behielt sein vornehmes „Auftreten". Er wirkt lang gezogen, breit, er vermittelt dem Betrachter das Gefühl des behaglichen, leisen Dahinrollens, nicht ohne auf die Möglichkeit des Schnellfahrens hinzuweisen, ganz dezent, versteht sich. Tempo zeigt die schon erwähnte, von der Heckflosse ausgehende Linie an, verstärkt durch eine Parallele, die mit dem Radausschnitt an der hinteren Tür ansetzt. Zwischen diesen beiden zieht sich die die ganze Wagenlänge reichende Sicke hindurch, im Heckbereich ebenfalls abfallend. Besonders beim reichlich mit Chrom ausgestatteten 300 SE wirken diese drei Stilelemente wie Linien auf einem Foto, das ein schnell fahrendes Fahrzeug in seinen Konturen nicht mehr ganz erfaßt und nur noch verschwommen wiedergibt. Sie suggerieren förmlich Abtrieb, sie erwecken den Eindruck, als würde das abgestellte Auto jeden Augenblick davonfahren.

In der Seitenansicht strahlt der Wagen neben Tempo auch Eleganz aus. Große Flächen an Blech und Glas, die leicht gebogene Front- und Heckscheibe und die großen Türen versprechen Raum, den der Wagen auch tatsächlich hat. Die Proportionen sind ausgewogen. Das fällt dann besonders ins Auge, wenn man den 220 mit dem 1961 hinzugekommenen 190 vergleicht, der im Frontteil um 14,5 Zentimeter verkürzt war. Hier wirkt das Heck optisch zu lang.

In der Vorderansicht ist es beim alten Grill geblieben. Er ist immer noch zugespitzt, hat aber fünf statt vorher sechs abgeteilte waagerechte Felder und steht senkrecht im Wind, während er beim Vorgänger nach hinten geneigt war. Außerdem ist er breiter geworden, wodurch er niedriger wirkt als beim alten 220 (was er aber nicht ist). Auch in der Frontpartie wiederholen sich die Linien: die waagerechten Stege im Grill, die untere Kante der Motorhaube, sichtbar gemacht rechts und links vom Grill, und die wuchtigen, über den Enden optisch verstärkten Stoßstangen geben mit den großen, senkrecht angeordneten Scheinwerfern und dem senkrechten Steg im Grill ein harmonisches Bild ohne jede Aggressivität.

Auch in der Heckgestaltung, bei vielen Autos buchstäblich die Kehrseite der Gesamtidee, herrscht Formgefühl vor. Stoßstange und die Heckleuchten bilden ein Fundament der Breite, die Heckflossen führen die Augen nach oben bis zum kantigen Abschluß. Der Stern auf dem Gepäckraumdeckel sorgt dafür, daß die große Fläche dazwischen nicht langweilig wirkt.

Gegenüber dem Vorgänger ist der Neue 85 Millimeter niedriger (der 300 SE sogar 105), 55 Millimeter breiter und 160 Millimeter länger. Die ganze Karosserie erweckt aber den Eindruck, als sei der Neue viel größer, das Produkt eines geschickten Stylings.

Funktionelle Bedeutung von Aufbauelementen und Formgefühl harmonieren bei diesem Wagen, das ist wohl das Geheimnis seiner Faszination. Beispiel: die Panoramascheiben und die großen Scheinwerfer und, wenn man so will, auch die Heckflossen, die ja eigentlich Peilstege waren.

Nicht nur die Ideen der Designer sind in den Entwurf eingeflossen, sondern auch die Notwendigkeiten neuer Fertigungsmethoden. Die Automatisierung hatte Einzug gehalten in die Automobilfabriken, große, glatte Flächen lassen sich nun einmal besser mit Maschinen bearbeiten als kleine, abgerundete oder unterbrochene. Als sachliches Design werden Formen jener Zeit bezeichnet. Funktionelle Werte wurden betont, nicht nur im Automobilbau, auch zum Beispiel in der Architektur und in der Wohnungseinrichtung.

Die Baureihe war ein großer Schritt in diese Richtung, ganz vollzogen war er aber noch nicht, sonst hätten die Limousinen nicht das, was ihnen heute ihren Namen gibt: die Heckflosse. Auch die starke Chrombelegung des 300 SE war noch eine Erinnerung an frühere Gewohnheiten. Beides hatten die Nachfolger nicht mehr, schon die Coupé-Reihe, 1961 erschienen, kam nur noch mit einem kaum erkennbaren Ansatz der Heckflosse.

MOTOR

Der Sechszylindermotor war achteinhalb Jahre in Produktion, als die neue Baureihe erschien. Zum zweiten Mal seit der Einführung zur IAA 1951 wurden die Kenndaten verändert. Mit dem neuen Modell erhielt der 220 als Nachfolger des 219 5 PS mehr. 95 Pferdestärken standen jetzt zur Verfügung bei einer Drehzahl von 4800 Umdrehungen in der Minute (200 mehr als beim 219 mit 85 PS). Das maximale Drehmoment stieg von 16 m/kg auf 17,2, die Verdichtung blieb auf 1:8,7. Statt des Doppelfallstromvergasers hatte der Wagen jetzt zwei einfache Fallstromvergaser. Sie sollten wirtschaftlicher arbeiten, eine leichte Erhöhung des Verbrauchs bei gestiegener Leistung und geringfügig gestiegenem Wagengewicht konnten sie aber nicht verhindern.

Ähnlich wie beim 220 veränderten sich die Daten bei den beiden anderen Modellen. Der 220 S übernahm vom Vorgänger die erst zwei Jahre zuvor modifizierte Maschine mit 4 zusätzlichen PS und einem maximalen Drehmoment von 17,5 m/kg. Der SE schließlich kam mit 5 PS mehr und einem leicht gesteigerten Drehmoment

Wer seinerzeit mit diesem Gespann unterwegs war, träumte bereits von der Heckflosse

von 19,3 m/kg (gegenüber 19) bei 3900 Umdrehungen (3800). Die Mehrleistung von 5 PS gab der Wagen bei der gleichen Drehzahl, nämlich 4800, ab wie der Vorgänger, sein Lauf war also noch weicher bei gesteigerter Durchzugskraft.

Eine neue Nockenwelle und eine weiterentwickelte Ventilsteuerung sorgten für die Erhöhung des Drehmoments und die Mehrleistung. Die Kurbelwelle des Motors blieb vierfach gelagert. Der SE erhielt eine weiterentwickelte Einspritzanlage. Sie hatte jetzt gerade anstatt bis dahin gekrümmte Ansaugrohre.

Zweimal wurde der Vergasermotor noch weiterentwikkelt, 1965 zum 230 mit einem auf 2281 ccm erhöhten Hubraum (zwei Millimeter vergrößerte Bohrung) und 105 PS, 1966 durch die Verwendung zweier Register-Fallstromvergaser (wie beim 230 S). Dieser Motor wurde im 230 und 230 S eingebaut und hatte mit seinen 120 PS zehn mehr als der 220 S.

Mit ganz leichten Modifikationen wurde der Motor des im Herbst 1961 vorgestellten 190 c vom Vorgänger 190 b übernommen. Fünf PS mehr und ein auf 1:8,7 erhöhtes Verdichtungsverhältnis unterscheiden die beiden Motoren. Da der Vierzylinder viel weniger Platz brauchte als der Sechszylinder, konnte die Karosserie um die 15 cm kürzer ausfallen.

1965 folgte die Erweiterung auf 1988 ccm, der 200 war geboren mit 95 statt 80 PS. Erreicht wurde der größere Hubraum durch um zwei Millimeter erhöhte Bohrung. Außerdem hatte die Maschine jetzt zwei aufwendige Registerfallstromvergaser und eine fünffach gelagerte Kurbelwelle gegenüber der Dreifachlagerung vorher.

Eine Leistungsspritze von fünf PS gegenüber dem alten 190 D b erhielt die Dieselmaschine in der Karosserie, hier erreichte man die größere Ausbeute ebenfalls durch eine um zwei Millimeter auf 87 erhöhte Bohrung. Der 190 D c war also eigentlich schon ein 200 D, die ihm zustehende Bezeichnung erhielt er aber erst 1965 zusammen mit dem Benziner-Modell. Auch mit seinen 55 PS erwies sich der Diesel als lahm, die Höchstgeschwindigkeit betrug 133 km/h (190: 152), die Beschleunigung von 0 auf 100 dauerte 28,2 (17,6) Sekunden.

Den Fortschritt im Motorenbau brachte der 300 SE in die Baureihe der Heckflosse. Die vom 300 SL stammende Maschine hatte jetzt einen Zylinderblock aus Alumi-

nium-Legierung. Das reduzierte das Gewicht um 30 Kilogramm und sorgte für eine günstigere Wärmeableitung. Die Zwei-Stempel-Einspritzpumpe war die aus dem 220 SE, siebenfach gelagerte Kurbelwelle hatte der jetzt 160 PS starke Motor von „Haus aus", also schon beim 300 SL. Der verfügte allerdings über 215 PS.

Im Januar 1964 brachte eine neue Einspritzpumpe, die Sechsstempel-Einspritzpumpe statt der bisherigen Zweistempel-Einspritzpumpe – die Leistung auf 170 PS.

GETRIEBE

Von den Vorgängern übernommen hatte die gesamte Reihe außer dem 300 SE das Viergang-Getriebe, lediglich die Gangabstufung wurde verändert. Im Oktober 1964 wurde, dem sportlichen Trend entsprechend, eine Knüppelschaltung eingeführt, zu haben auf Sonderwunsch und ohne Mehrpreis.

Eine selbst entwickelte Automatik löste im August 1962 für den 220 S und SE den noch von der Vorgängerreihe stammenden Kupplungsautomaten Hydrak ab. Es war ein Viergang-Planetengetriebe mit hydraulischer Kupplung. Der 300 SE hatte sie von Anfang an und erhielt erst im März 1963 ein Schaltgetriebe (auf Sonderwunsch, gegen Minderpreis).

Die Schwierigkeit für die Konstrukteure der Automatik lag darin, abweichend von den in den USA schon lange bekannten Lösungen für europäische Verhältnisse ein Getriebe zu schaffen, das mit niedrigem Hubraum und hoher Drehzahl zurechtkommt. Statt des in den USA verwendeten Drehmomentwandlers hatte die Mercedes-Automatic die hydraulische Kupplung ohne Leitrad, das die Wandlerwirkung hervorbringt. In erster Linie war dies zum Anfahren und Ausnutzen niedriger Drehzahlen gedacht, aber auch, um schwingungsdämpfend und geräuschmindernd zu wirken. Und statt der in USA üblichen drei Gänge hatte der Mercedes von vornherein eben vier. Der Wechsel vom Rollen ins Beschleunigen und umgekehrt führte in der Praxis häufig zu einem abrupten Wechsel der Drehzahl und zu starkem, gar nicht mercedes-gemäßen Rucken. Der sportliche Einspritzer war eben kein großvolumiger, weich laufender Motor wie bei den US-Autos.

Und dabei hat Mercedes dem Fahrer schon eine Menge Einflußmöglichkeiten gelassen, wie Werksingenieur Dr. Hans-Joachim Förster in einem Beitrag für die Motor-Revue Nr. 39 (Herbst 1961) erläutert. Schaltsperren zwischen einzelnen Fahrstufen gab es nicht, der Fahrer konnte alle Variationen voll ausschöpfen. Obwohl das Getriebe schadlos funktionierte, bewährte es sich nicht wie erwartet, denn als seine optimale Handhabung stellte sich mit der Zeit der ständige Eingriff durch den Fahrer heraus, und das war eigentlich nicht im Sinne der Erfinder. Entweder ein Automatik-Getriebe, das dem Fahrer alle Arbeit abnimmt oder ein Schaltgetriebe, das viele Einflußmöglichkeiten läßt, das waren und sind die Wünsche der Autofahrer zu diesem Thema.

◄ Entwicklung im Detail: Festigkeitsprüfung am Karosseriekörper

FAHRWERK

Im wesentlichen gegenüber dem Vorgänger unverändert, in Details aber entscheidend verbessert war das Fahrwerk: Die Stoßdämpfer wurden weiter nach außen verlegt, die Hinterachskonstruktion erhielt eine Ausgleichsschraubenfeder, und der Fahrschemel wurde verändert. Die Verlegung der Stoßdämpfer sollte die Radschwingungen mindern, die Ausgleichsfeder, genau im Drehpunkt der Hinterachse quer liegend angebracht, sorgte für relativ neutrales Fahrverhalten der Hinterräder. Sie stammte vom 300 SL, wie Mercedes im Pressetext zur Einführung stolz erläuterte. Der aus Fertigungsgründen vereinfachte Fahrschemel – er trug den Motor- und Getriebeblock sowie die Einzelradaufhängung der Vorderräder – war jetzt als steifes Querjoch ausgebildet, der schon beim Vorgänger vorhandene Kurvenstabilisator bekam federnde Zusatzstreben. Sie hielten kurze Schwingungen vom Fahrgastraum fern. Außerdem war der Fahrschemel statt an drei nur noch an zwei Punkten aufgehängt, verwendet wurden dazu Gummielemente. Der Fahrschemel wurde an den vorderen Längsträgern der Rahmen-Bodenanlage mit Hilfe zweier elastischer, blattfederartiger Streben abgestützt. Die Rahmen-Bodenanlage des Wagens war durch zusätzliche Querprofile versteift, die Außen-Längsträger wurden besonders ausgebildet. Die Karosserie erhielt so mehr Steifigkeit und war für die höheren Kurvengeschwindigkeiten gerüstet. Mercedesstandard waren schon beim alten Modell vorn Doppel-Querlenker und Stabilisator und hinten die Eingelenkpendelachse, Schraubenfedern vorn und hinten ohnehin.

Das neutrale Fahrverhalten des Wagens wird in allen Testberichten gerühmt. Der Wagen hatte einen gegenüber dem Vorgänger tieferen Schwerpunkt, aber auch die Ausgleichsfeder an der Hinterachse, der weicher abgestimmte Querstabilisator und der verbesserte Fahrschemel spielten dabei eine wichtige Rolle.

AUSSTATTUNG

Das nach der Heckflosse berühmteste Detail dieses Wagens ist der Tachometer, als Signaltacho eingeführt und auch als Bandtachometer bezeichnet. Wie die Quecksilbersäule eines Thermometers gestaltet, kletterte in dem senkrecht montierten Gerät bei Beschleunigung die Anzeige als dicker Strich in wechselnden Farben nach oben, gelb bis 50 Kilometer in der Stunde, bis 75 gelb/rot und dann rot. Als praktische Neuentwicklung des Hauses stuft der erste Pressetext den Tachometer ein, durchgesetzt hat er sich nicht, die Ablesbarkeit ließ zu wünschen übrig, ungenau war er freilich nicht. Versuche anderer Hersteller, vom klassischen Rundtachometer wegzukommen, wurden ebenfalls wieder aufgegeben. Die Auto-Union versuchte es mit dem senkrechten Bandtacho, Opel mit einem waagerecht eingebauten, viel später kam Citroën beim GS mit dem Lupentacho, ebenfalls nur für kurze Zeit. Der gute alte Kreis gibt offenbar immer noch die beste Übersicht. Den Bandtacho gab es übrigens mit verschiedenen Endwerten, beim 190/190 D genügten 160 km/h, für die 200er 180 km/h, für den 300 SE zunächst 200, dann 220. Ab 1965 hatten alle Wagen eine 180 als Spitzenwert zuzüglich zweier Striche.

Rechts und links des Signaltachos im Mercedes waren die Anzeigen für Tank, Wassertemperatur, Öldruck und die Kontrollampen für Fernlicht, Ladefunktion der Lichtmaschine und zunächst auch für den Starterzug. Oben befanden sich die Kontrolleuchten für die Blinklichter (rechts und links getrennt) und unten Kilometerzähler mit Tageskilometerzähler (quer angebracht als optisches Fundament). Der Tacho beherrschte das Bild des Armaturenbrettes. Polsterungen hatten Einzug gehalten im Innenraum, sie machten die Bemühungen um innere Sicherheit für jedermann sichtbar. Die ganze Armaturenanlage saß in einem stoßnachgiebigen Polsterrahmen, die Sonnenblenden waren gepolstert, das Lenkrad hatte eine Polsterplatte, und die Bedienungsknöpfe waren elastisch. Die Scheibenwischer brachten mehr Durchblick: Sie hinterließen Wischerfelder, die sich überlappten, es blieb kein verschmutztes Dreieck übrig, was seinerzeit positiv registriert wurde – ebenso wie die Ausrüstung mit Verbundglas. Schon beim 220 gehörten zur Serienausstattung: zwei Nebelscheinwerfer, Lichthupe, damals noch eine Besonderheit, Scheibenwaschanlage mit zwei Düsen, abschließbares Handschuhfach, Heizung auch im hinteren Fußraum (und wie schon seit eh und jeh rechts und links getrennt regelbar!), Zwangsentlüftung in der C-Säule, vier Parkleuchten und zwei Rückfahrscheinwerfer. Aufpreis kosteten Stahlschiebedach und die hydraulisch-automatische Kupplung, später die Automatik. Damit entsprachen 220, 220 S und 220 SE auch im Charakter ihren Vorläufern, im Falle des neuen 220 zuletzt 219 genannt.

Nur in zwei wesentlichen Punkten hielten die Daimler-Benz-Ingenieure eine Weiterentwicklung für notwendig: im Frühjahr 1962 bekamen der S und der SE vordere Scheibenbremsen (von Girling), der 220 und 190 folgte im August 1963. Ab diesem Zeitpunkt hatten außerdem alle 190 und 220er einen zweiten Bremskreis. Im Gegensatz zum 300 SE, der von Anfang an vier Scheibenbremsen hatte, gab es in der 220er-Reihe den technischen Fortschritt nur vorn. Der zweite wichtige Punkt der Weiterentwicklung betraf das beschriebene Automatikgetriebe.

Gediegene Innenausstattung und großer Komfort: 220 S / 220 SE

Typen und Modelle

190 c/190 Dc (1961 – 1965)

Die Einheitskarosserie war die Grundidee der Baureihe. „Wir wollen bewußt allen Kunden denselben Fahrgastraum und Kofferraum anbieten", sagte Dr. Fritz Nallinger bei einem bedeutenden Vorstellungstermin im April 1961: Zusammen mit dem exklusiven 300 SE kam der neue 190 (Produktionsbeginn im Sommer), der eine für stolze 23 100 DM zu haben, der andere 9950 DM teuer (sicherlich der letzte Mercedes, den es neu für unter 10 000 DM gab). Zwei Welten in Technik, Ausstattung und im Prestigewert, in der Erscheinungform aber ganz ähnlich, das war das Konzept.

Es ging auf, jedenfalls am unteren Ende der „Schlange": In gut vier Jahren entschieden sich 356 199 Käufer für den einfachsten Einheitsmercedes, 225 645 davon für den Diesel. Der wurde damit der bis dahin meistverkaufte Mercedes. Zusammen mit dem 200/200 D erreichte Daimler-Benz die Zahl von 588 024 Stück, 387 263 von ihnen wurden als Diesel geordert (65,8 Prozent).

Jenes faszinierende Gefühl, einen Mercedes zu fahren, den Stern im Blickfeld, und dabei trotzdem (relativ) sparsam zu wirtschaften, das war das Angebot, es wurde genutzt. Dieser Wagen war akzeptabel auch für wohlhabende, nach außen bescheiden lebende Bürger, die sich nie dem Ruf ausgesetzt hätten, zu viel Geld für ihr Auto auszugeben. Die also mit einem 220 oder gar mehr nie geliebäugelt hätten, obwohl der Preisunterschied zum 220 nur 550 DM betrug. Der 190 und vom Image her erst recht der Diesel waren eben der „billige" Mercedes.

Der Motor des 190 c stammte vom Typ 190 b ab, der von Juni 1959 bis zur Vorstellung des Neuen die letzte Stufe des berühmten Ponton-Mercedes von 1953 dargestellt hatte, war aber in seinem Charakter verändert. Ein ein-

Ein 190 der ersten Zeit: gerippte Heckleuchten und der Rückspiegel auf dem Kotflügel

facher Fallstromvergaser (statt Register-Fallstromvergaser) sorgte dafür, daß die unveränderte Leistung von 80 PS trotz einer leicht erhöhten Verdichtung und eines gestiegenen Drehmoments den Motor zu einem bemerkenswert laufruhigen Aggregat machte, vor allem in unteren und mittleren Drehzahlbereichen. Das Getriebe stammte vom Vorgänger, das Fahrwerk entsprach dem des 220. In diesem Punkt, weniger bei Motor und Getriebe, war der 190 c also ein hochmoderner Wagen. Er hatte sogar dank des geringeren Überhanges vorn eine bessere Straßenlage als die 220, die immer etwas kopflastig waren. Entsprechend der Weiterentwicklung der 220er erhielten auch die 190er im August 1962 auf Sonderwunsch Automatic, die Scheibenbremsen und Bremshydraulik folgten im August 1963.

Dieselmotoren im PKW galten damals eigentlich noch als unfein. Nur bei Mercedes waren sie akzeptiert, nicht nur von Taxifahrern und Landwirten, denen Spötter gern unterstellten, sie führen ständig mit dem billigen Heizöl. Auch bei Vertretern und anderen, die beruflich viel unterwegs waren, stand der Diesel hoch im Kurs. 100 Kubikzentimeter mehr Hubraum – jetzt 2000, trotz der Typbezeichnung 190 – eine an den Saugrohren geänderte Einspritzanlage und eine neue Nockenwelle brachten dem 190 D fünf PS mehr ein als dem Vorgänger. Der Wagen war 130 Stundenkilometer schnell und brauchte neun Liter auf hundert Kilometer. Auch für den Diesel gab es die Automatikversion. Sie war erstaunlicherweise relativ behende zu fahren, allerdings stieg der Verbrauch auf 12 Liter.

Einfache, runde Scheinwerfer, Blinklichter wie beim Vorgänger auf den Kotflügel aufgesetzt und vor allem 14,5 Zentimeter weniger an Länge, prägten das Erscheinungsbild des Wagens. Außerdem fehlten ihm im Vergleich mit dem 220 die Zwangsentlüftung in der C-Säule. Die Ausstattung entsprach der des 220, nicht jedoch des 200 S/SE. Die Proportionen des Wagens war durch die Verkürzung der Karosserie zu ihrem Nachteil verändert, das lange Heck wirkte gegenüber dem verkürzten Vorderteil optisch zu schwer. Wirtschaftlich denkende Leute wie die Käufer des 190 und später des 200 schienen solche Argumente aber nicht zu stören. Kleine optische Änderungen flossen im August 1963 in die Serie ein: der Rückspiegel wanderte von seinem unpraktischen Platz mitten auf dem Kotflügel – er war während der Fahrt nicht zu verstellen – an den üblichen Standort am Fenster, die Nebellampen, bis August 1963 eckig, waren dann abgerundet.

200 c/200 Dc (1965-1968)

In der Weiterentwicklung dieser Typenreihe gab es den überarbeiteten Benzinmotor mit jetzt zwei Fallstromvergasern und um zwei Millimeter aufgebohrten Zylindern. Der dadurch auf zwei Liter vergrößerte Hubraum entsprach nun genau dem der Dieselmaschine. Der Motor, ausgestattet mit einer neuen Nockenwelle, hatte 15 PS mehr und kam auf eine mit 161 km/h um elf Kilometer höhere Endgeschwindigkeit als der 190 c. Äußerlich war die Weiterentwicklung an den unter die Scheinwerfer versetzten Blinkleuchten zu erkennen und an der nun auch hier eingeführten Zwangsentlüftung in der C-Säule. Der Chromschmuck wurde abgespeckt.

Der 200 Diesel bekam ebenfalls die neue Nockenwelle und wie der 200 einen auf 65 Liter vergrößerten Tank.

220 b (1959-1965)

Was fehlte dem Einstiegsmodell der neuen Reihe zu einem besseren Platz in der Verkaufsstatistik? 23,47 Prozent gehen auf das Konto des einfachen 220, genau 69 691 von 296 896, die in der Zeit von 1959 bis 1965 in Sindelfingen als 220, 220 S und 220 SE entstanden. Der um 3450 DM teurere SE liegt mit seiner Produktionszahl nur um 605 Stück unter dem „Kleinen". 11 500 DM mußte der Käufer 1959 für die einfache Version bezahlen, gegenüber dem 220 S, dem unangefochtenen Spitzenreiter in dieser kleinen Hitparade, 1750 DM weniger. Viel spricht dafür, daß der Preissprung zum 220 S für die Gutbetuchten jener Zeit zu schaffen war, während der 220 SE für viele doch preislich zu weit oben stand. Und das Prestige, beim Autokauf und ganz besonders beim Kauf eines Mercedes sehr wichtig, bot der 220 S fast wie der 220 SE und deutlich mehr als der Einfache ohne Zusatzbuchstaben.

Im Ausland wählte man ähnlich, wenn auch nicht ganz so prestigebewußt. Jedenfalls ist der Prozentsatz des 220 bei den Inlandszulassungen niedriger als beim Gesamtverkauf, nämlich, nachgerechnet an den Jahren 1961 bis 1965, 20,9 Prozent gegenüber den oben erwähnten 23,47 Prozent. In Stückzahlen sind das in diesen fünf Jahren 21 254 vom 220 im Vergleich zu 56 079 S und 24 235 beim SE. Im Gegensatz zur Gesamtproduktion ist der 220 also klares Schlußlicht, der SE war in Deutschland wesentlich beliebter als im Ausland.

Das Minus gegenüber dem 220 S von 15 PS machte in der Endgeschwindigkeit nur 5 Kilometer in der Stunde aus, 160 statt 165, in der Beschleunigung bis 100 eine einzige Sekunde, nämlich 16 statt 15. Für den Unterschied sorgten die beiden Zwei-Register-Fallstromvergaser gegenüber den einfachen Fallstromvergasern im 220 und die mehr auf Wirtschaftlichkeit ausgelegte Hinterachsübersetzung. Äußerlich fehlte es dem Wagen gegenüber 220 S und 220 SE an Chrom, die Peilstege hatten nur kurze Zierleisten, die waagerechte Zierleiste unter dem Heckdeckel war eingespart worden ebenso wie eine der beiden Zierleisten an den Lufteintrittsöffnungen links und rechts neben dem Kühlergrill. Die Stoßstangen hinten mußten ohne doppelte Ecken auskommen, die Heckfenstereinfassung war bescheidener verchromt, die Zierleiste unter dem Heckdeckel gestrichen, die Heckleuchten waren deutlich kleiner. Alles zusammen machte dem Betrachter, auch wenn er die Details gar nicht erkannte, klar, daß das Basismodell vor ihm stand. Nur in wenigen Punkten war dagegen die Innenausstattung bescheidener, es fehlten Beschläge für Liegesitze, Taschen und Haltegriffe in den Türen und Haltestangen über den Türen. Verzögerte Weiterentwicklung beim Einbau der Scheibenbremse – er bekam sie erst im August 1963, 16 Monate nach 220 S und 220 SE – trugen wohl auch dazu bei, daß viele, die nach dem Mercedes strebten, sich in ihren Wünschen gleich zum S treiben ließen.

230 (1965 – 1968)

Mit der Vorstellung des neuen 250 S/SE im Sommer 1965 war die Phase des Einheitsmodells bei den Mercedes-Limousinen beendet. Drei Jahre lang sollten aber der 230 und der 230 S, die sechs Jahre zuvor diese Ära eingeleitet hatten, als Auslaufmodelle weiterbestehen. Sie erhielten einen weiterentwickelten Motor des 220 S. Der Motorblock stammte allerdings aus dem 230 SL. In die Limousine 230 wurde eine entschärfte Version des jetzt auf 2,3 Liter Hubraum aufgebohrten Sechszylinders eingebaut.

Der 230 wurde auch äußerlich in die Nähe des 200 gerückt, ihn gab es nur in der verkürzten Karosserie mit allen Ausstattungsdetails des Vierzylinderwagens. Der Sechszylinder schaffte auf Grund des geringeren Gewichtes eine Höchstgeschwindigkeit von 168 km/h und lag damit um acht Kilometer über dem alten 220 und um sieben über dem gleichzeitig vorgestellten 200. Die Beschleunigungszeit von null auf hundert: 14 Sekunden (15 beim 220, 16 beim 220.) Ein Nachteil des „Wolfs im Schafspelz" war der hohe Verbrauch, immerhin rund 16 Liter (12,5 beim 200, 14 beim 220), verursacht durch die beiden Einfachvergaser. Solche Understatement-Modelle hatten ihren Markt in jenen Jahren, vom Vierzylinder zu unterscheiden war der Wagen allein am Typschild, wurde also meist für einen Vierzylinder gehalten, verblüffte den Unwissenden dann aber mit hoher Leistung. Eine Parallele zu diesem Wagen war der Opel Rekord 6 mit dem Motor des Kapitän.

Im August 1966 verzichtete Mercedes auf den gedrosselten Motor und baute gleich den des 230 S in die kurze Karosserie ein. Nun war der unscheinbare Wagen noch

Weiterentwicklung: als 200 hat der Wagen kombinierte Blink- Park- und Nebelleuchten

schneller, kam in 13 Sekunden von null auf hundert und schaffte eine Höchstgeschwindigkeit von 175 km/h. Dank der Register-Fallstromvergaser war der Verbrauch nun günstiger. 40 258 Wagen wurden von diesem Typ gebaut.

220 Sb (1959-1965)

Der goldene Mittelweg war für das in- und ausländische Publikum dieser Wagen. Nicht nur der Preis, bei der Einführung bis auf 50 DM exakt zwischen 220 und SE, legte die Entscheidung nahe. Diese Position im Verkaufsprogramm blieb auch bei der Preiserhöhung für das Jahr 1962 nahezu unverändert.
Äußerlich war er nur am Typschild auf der Kofferraumklappe vom Star mit Einspritzmotor zu unterscheiden, alles andere, was diesen Wagen fein machte, hatte auch der S. Chrom, wie es bei aller Vornehmheit des Hauses dem Zeitgeschmack entsprach, und alle Ausstattungsdetails fanden sich im S wieder. Außerdem versprach die Typbezeichnung das Erlebnis schnellen, sportlichen Fahrens, wobei Höchstgeschwindigkeit und Beschleunigungswerte aller drei Modelle relativ dicht beieinander lagen. Immerhin sollten die Register-Fallstromvergaser und die Hinterachsübersetzung des SE für Sportlichkeit beim S sorgen. Hohes Drehmoment im Gesamtdrehzahlbereich brachte auch in der Tat in allen Geschwindigkeitsbereichen gegenüber dem 220 verbesserte Beschleunigungswerte.

Der S verfügte über alle äußeren Merkmale, deren Fehlen den 220 eindeutig als Basisauto auswies, und er hatte alles das, was das Spitzenmodell kennzeichnete, er fuhr also sozusagen in seinem Windschatten, vor allem, bis der 300 SE erschien. Ob das Gros seiner Benutzer den Unterschied des Wagens zum 220 je erfahren hat, darf bezweifelt werden. Viel näher liegt die Vermutung, daß hier in erster Linie aus Gründen des Prestiges für den S und gegen die einfache Version entschieden wurde.

230 S (1965-1968)

Dem S blieb es vorbehalten, die alte Karosserie in Reinkultur weiterzutragen. Anfangs auch durch den schnelleren Motor vom 230 abgehoben, blieb dies dann das einzige, wenn auch ein sehr wichtiges Unterscheidungsmerkmal. Das gegenüber dem 220 S überarbeitete

Dem 230 S blieb das markante Gesicht des Ursprungmodells erhalten

Getriebe hatte Mercedes aus dem Regal des 230 SL genommen. In knapp drei Jahren entschieden sich 41 107 Kunden für das konservative und gegenüber dem neuen 250 S um 1300 DM billigere Gefährt.

220 SEb (1959-1965)

Warum nicht gleich den SE? Der Preissprung war für damalige Verhältnisse sicherlich immer noch respektabel. 1700 DM Aufpreis nur für einen Motor und als Lohn dafür die zwei Faszination ausstrahlenden Buchstaben SE auf dem Kofferraumdeckel, das dürfte der Mehrheit der Interessenten zu viel des Guten gewesen sein. Der goldene Mittelweg war wohl auch in der Abgrenzung nach oben manch einem recht als Begründung seiner Kaufentscheidung, sowohl vor Freunden wie vor der Ehefrau. (Damals noch mehr als heute traf in aller Regel der Mann die Entscheidung, welches Auto gekauft wird). Schließlich ließ sich mit dem Verzicht auf den SE das Verschmähen des Basismodells besser rechtfertigen.

Der noch mehr Prestige versprechende 300 SE tat dem 220 SE übrigens keinen Abbruch; die Zulassungszahlen in der Bundesrepublik Deutschland stiegen von 1961, als der 300 SE erschien, von 6067 auf 7425, 1963 auf 7425 und 1964, dem letzten vollen Produktionsjahr, auf 8914. Der 300 SE bewegte sich zwischen (1744/1962) und 1002 (1963). 1964 waren es 1053. Der 300 SE kostete allerdings bei seiner Einführung auch stolze 23 100 DM, 8150 mehr als der 220 SE. Diese Differenz entsprach fast dem Preis eines 190!

Der Motor des 220 SE stammte bis auf geringe Modifikationen vom Vorgänger, die Einspritzanlage war ja schon 1954, damals im 300 SL, vorgestellt worden. Im neuen 220 SE wurden gerade Ansaugrohre verwendet. Das maximale Drehmoment wurde dadurch von 19 m/kg auf 19,3 m/kg gesteigert, was vor allem besseren Beschleunigungswerten zugute kam. Was dieser Wagen zu leisten vermochte, zeigte seine stattliche Erfolgsbilanz im Motorsport, ehe ihn der 300 SE auf diesem Gebiet ablöste.

Die Radkappen der 220er-Limousinen gab es in zwei Versionen, die erste allerdings nur für die Autos des ersten Presseempfangs: acht Öffnungen und den Stern in der Mitte auf farbigem Feld. Serie wurde dann die spätere Form mit zwölf Öffnungen und den Chromringen sowie dem Stern auf farbigem Feld. Bei Zweifarblackierung war das farbige Feld immer im Ton des Daches gehalten.

Ein generelles Unterscheidungsmerkmal bei allen Modellen: ab August 1963 gab es den unten abgeflachten Hupring, er gab den Blick auf den Tageskilometerzähler frei, den der runde versperrt hatte.

◄ Idylle der Gediegenheit: der 230 S mit Zweifarblackierung in passendem Umfeld

300 SE (1961-1965)

Neue Karosserie und vertraute Technik kennzeichneten 1959 die neue Reihe der 220. Eineinhalb Jahre später lautete das Fazit einer Vorstellung umgekehrt: (inzwischen schon) vertraute Karosserie und viel moderne Technik brachte der 300 SE mit. Die Zahl 300 im Zusammenhang mit einer Typbezeichnung von Mercedes übte schon Faszination aus, bevor jemand das Auto überhaupt gesehen hatte. Der berühmte 300, Staatskarosse und ein für fast alle unerreichbarer Traum – er wurde bis in die ersten Tage des 300 SE gebaut – und der legendäre 300 SL – in Produktion bis 1963 – hatten dem Neuling das Feld bereitet. Endlich konnten Aufsteiger den nächsten Gipfel in Angriff nehmen, jene inzwischen recht zahlreichen Wohlstandsbürger, deren Wirtschaftswunder-Karriere ihren Höhepunkt noch lange nicht erreicht hatte. Das bisherige Prestigemodell, den 220 SE, mußten sie sich allmählich mit zu vielen teilen, der 300 SE mit seinen deutlichen Rangabzeichen in Form von sehr viel Chrom wurde von ihnen dankbar angenommen.

Das Neue an diesem Wagen in Schlagworten: Leichtmetallmotor, Luftfederung, Automatikgetriebe (ein Jahr später auch für die anderen Modelle lieferbar), Sperrdifferential, Scheibenbremsen an allen vier Rädern – 220 S und 220 SE erhielten Scheibenbremsen nur vorn im April 1962 – und Servolenkung, diese geballte Ladung neuer Technik präsentierte der 300 SE im Frühjahr 1961.

Gut 30 Kilogramm Gewichtsersparnis brachte das Motorgehäuse aus Aluminium. In den Zylinderabmessungen stammte der Motor von 300, 300 S und 300 SL ab. Fremd war den Mercedes-Ingenieuren der Umgang mit dem Leichtmetall nicht, sie hatten beim Bau und Einsatz von Rennmotoren Erfahrungen damit gesammelt. Die Gewichtseinsparung tat dem insgesamt recht schweren Auto (2065 Kilogramm zulässiges Gesamtgewicht, 190 mehr als der 220 SE) gut, sie verhinderte Kopflastigkeit.

Vom 220 SE unterschied den 300 SE die Kurbelwelle, sie hatte beim 300 SE siebenfache Lagerung anstatt vierfacher, die Einspritzanlagen beider Typen waren dagegen identisch. Im Januar 1964 wurde dann exklusiv für den 300 SE aus der Zweistempel-Einspritzpumpe eine Sechsstempel-Einspritzpumpe, natürlich wieder von Bosch. Sie machte aus den 160 PS 170. Die Beschleunigung von 0 auf 100 verkürzte sich von 13 auf 11 Sekunden, die Höchsgeschwindigkeit stieg von 180 auf 200 (jeweils Werte mit Schaltgetriebe). Die geänderte Höchstgeschwindigkeit war allerdings allein Folge der geänderten Übersetzung. Sie konnte deshalb angewendet werden, weil jetzt mit den neuen H-Reifen (Hochgeschwindigkeitsreifen) geeignetes Material zur Verfügung stand. Die alten S-Reifen hatten nur 175 km/h erlaubt. Der Unterschied in der Höchstgeschwindigkeit schlug sich

Ein früher 300 SE (Rückspiegel auf dem Kotflügel, dünne Zierleisten an den Fenstern) auf dem Werksgelände in Untertürkheim

auch im Tacho nieder, der des 220 reichte ganz korrekt nur bis 180. Interessant übrigens, daß man beim 300 SE rund sechs PS abrechnen mußte, weil sie für den Luftpresser der Luftfederung und für die Hydraulikpumpe der Servolenkung gebraucht wurden. Eingeführt wurde der Wagen ausschließlich mit der im Hause Daimler-Benz entwickelten Automatik, erst im März 1963 kam dann das Schaltgetriebe als Sonderwunsch hinzu, und zwar wahlweise als Mittelschaltung oder Lenkradschaltung.

Der Luftfederung schien in jener Zeit auch im PKW-Bau zumindest bei anspruchsvollen Fahrzeugen die Zukunft zu gehören. Borgward hatte bereits eineinhalb Jahre zuvor in seinem 2,3 mit dieser Neuerung geglänzt. Durchgesetzt hat sie sich nicht, der konstruktive Aufwand ist wohl zu hoch. Die Anlage im 300 SE, von Mercedes in Zusammenarbeit mit der Reifenfirma Phoenix und mit Bosch entwickelt, zeichnete sich durch große Luftkammern aus. Sie brachten die gewünschte Weichheit der Federung (manch einem war sie zu weich), während ein Regelsystem für stets gleich bleibende Wagenhöhe und Ausgleich der Schräglage in Kurven sorgte. Komfort und gute Straßenlage zu bieten, diesem Ziel dienten ein zusätzlicher Torsionsstab hinten und zwei Hebel an den hinteren Bremsen, die das Heck beim Bremsen „festhielten", also ein Einnicken des Wagens ebenso verhinderten wie ein Absacken des Hecks bei starker Zuladung. Beides war bei den 220 zu beobachten.

Trotz Einheitskarosserie der gesamten Baureihe – zur IAA im selben Jahr kam der 190 heraus – war der 300 SE für den Kenner sofort als das Top-Modell auszumachen. Dafür sorgte Chrom im Übermaß, jede Linie der Karosserie wurde auf diese Weise optisch verstärkt, man ging so weit, die Typenbezeichnung auf dem Kofferraumdeckel zu umrahmen. Im Innenraum gewährte

Da erübrigt sich jede Kommentierung: Frontansicht und . . .

man dem Kunden einen Hauch von Jaguar: Holzeinfassungen für Windschutzscheibe, Seitenfenster und Türtaschen erinnerten an britischen Geschmack. Eine herausklappbare Mittelarmstütze gab es jetzt auch vorn, an den Rückseiten der Vordersitzlehnen waren Gepäcknetze angebracht. Frühe 300 SE sind an der sehr dünnen Chromeinfassung der Fenster zu erkennen. Der 300 SE hatte zunächst, wie der 190, den Rückspiegel auf dem Kotflügel.

Traumstückzahlen hat der Wagen nicht erreicht. Ob er zu kurz in Produktion war oder ob es die Interessenten störte, wie schon in Berichten der Premiere zu lesen ist, daß sich die teure Repräsentationslimousine im Einheitskleid optisch zu wenig (und nur für den Insider erkennbar) von den „Standardmodellen" abhob? Vielleicht war die Idee der Einheitskarosserie im oberen Programmangebot von Nachteil. Mit 2769 Stück war das Jahr 1962 das Rekordjahr, mehr als 6748 wurden es nicht in vier Jahren. 1546 davon entfielen auf den 300 SE lang, der im März 1963 hinzukam und für den hinteren Fußraum 10 Zentimeter mehr übrig hatte.

◀ Entwicklungsschritt: Maßnehmen am ersten Modell

COUPÉ/CABRIOLET
220 SE (1961 – 1965), 300 SE (1962 – 1967), 250 SE (1965 – 1967), 280 SE (1968 – 1971), 280 SE 3,5 (1969 – 1971)

Zwei haben die Heckflosse überlebt, zumindest in der Silhouette, blieben so lange im Programm wie die Nachfolger, von 250 S bis 300 SEL: Coupé und Cabrio. Überlebt haben sie das Ursprungsmodell nicht nur nach Jahren – bis 1971 waren sie zu haben, sechs Jahre nach Produktionsstopp des 230 S und des 200 –, sondern auch stilistisch. Denn mit ihrer Vorstellung hatte Mercedes die Idee der Heckflosse schon wieder hinter sich gelassen. Man kann dies deutlich an der Entwicklungsgeschichte des Coupés ablesen: der erste Entwurf von Paul Bracq und seinem Team aus dem Jahre 1957 war – aus heutiger Sicht – eine Übertreibung der Limousinenlinie mit viel stärker ausgeprägter Panoramascheibe und dem in der Limousine dann auch verwendeten Heckbereich mit Heckflosse und der verchromten Einfassung der Zwangsentlüftung. Vorn sollte er nach diesem Entwurf aussehen wie ein SL.

Als der Wagen schließlich erschien – würdiger Ort der Pressevorstellung war das soeben nach Renovierung

. . . und Heckansicht des 220 SE Coupés

Schönheitsparade der Limousinen ▶

wieder eröffnete Werksmuseum – machte er einen ganz anderen, einen eigenständigen Eindruck: Die Heckflosse war weg, nur noch eine leichte Anhebung erinnerte an die alte Linie, die Panoramascheibe war wie bei der Limousine auf dezente Ausmaße geschrumpft, von deren angedeutetem Hüftschwung war nichts geblieben. Ein weiteres Kennzeichen der Baureihe fehlte ebenfalls: statt des umstrittenen Signaltachos gab es zwei schöne, runde Instrumente. Man hatte schnell bemerkt, daß „die praktische Neuentwicklung des Hauses" ein Irrweg war.

So wurde das Coupé ein eigenständiges Auto, eine elegante Steigerung der Limousinenreihe und stilistisch ein kernechter, typischer Mercedesentwurf ohne die vorsichtige Anlehnung an Modeströmungen. Kein Teil der Coupé-Karosserie entsprach dem der Limousine. Der Wagen war 15 Zentimeter breiter bei (fast) gleicher Länge und 8,5 Zentimeter niedriger. Dieser Wert ging vor allem auf das niedrigere Dach zurück, insgesamt lag der Wagen allerdings auch tiefer. Das Gesicht entsprach dem der Limousine, sieht man davon ab, daß es durch die Tieferlegung etwas anders wirkte, das Heck hatte durch die Wegnahme der Flossen einen gänzlich anderen Ausdruck.

Beide Versionen wirkten und wirken bis heute sehr harmonisch, gelten als durch und durch schöne Automobile.

Ziel der Entwicklung war es von Anfang an, einen vier- bis fünfsitzigen Wagen zu schaffen. Deshalb galten Coupé und Cabriolet auch nicht als Sportwagen, sondern als exklusive, sportliche Reisewagen. Die Innenausstattung hob sich von der der Limousine durch ein neues Armaturenbrett ab mit den schon erwähnten Rundinstrumenten, Holzmaserungen in vier verschiedenen Varianten und Ledereinfassungen an den Kanten oben und unten. Die Verarbeitung war besonders edel, man leistete es sich sogar, jedes einzelne Chromteil vor der Bearbeitung am Fahrzeug anzupassen (zum Leidwesen der späteren Sammler, die keinen exakten Ersatz für „ihre" Chromleisten fanden und finden).

Weil die B-Säule als tragendes Element fehlte, mußte der Bereich der C-Säule verstärkt werden. Auch an der A-Säule wurden Verstärkungen angebracht, den Hauptteil der umverteilten Last trugen aber seitliche Verstärkungen in der Rahmen-Bodenanlage.

Ein halbes Jahr nach dem Coupé folgte das Cabriolet. Sein Verdeck hatte ein Kunststoffrückfenster. Zu schlie-

CL-P-AS 24

DH-EZ 408

ßen und zu öffnen war es von einer Person, darauf war man stolz, nicht einmal im Traum dachten die Konstrukteure an eine Automatik, wie sie 28 Jahre später beim SL eingeführt wurde. Der Wagenboden des Cabriolets erhielt weitere Verstärkungen, um die Stabilität zu bewahren.

Technisch entsprachen Coupé und Cabriolet den jeweiligen Limousinen. Das Coupé 220 SE nimmt, wohl mehr zufällig, dennoch eine Sonderstellung in der Typologie der Mercedesfahrzeuge ein: Es war das erste Serienauto mit vorderen Scheibenbremsen, das Daimler-Benz der Öffentlichkeit vorstellte. Der 300 SL erhielt diese Neuerung offiziell einen Monat später!

Schließlich stellten diese beiden exklusiven Modelle den fließenden Übergang dar zur neuen Reihe aus dem Jahre 1965, sie erhielten zuerst die 2,5-Liter-Maschine, dann die 2,8-Liter-Maschine und schließlich den Dreieinhalblitermotor, wobei ersterer eine Weiterentwicklung und die beiden anderen Neuentwicklungen waren. Deshalb sind letztere streng genommen nicht mehr zur Baureihe der Heckflosse zu zählen. Noch als die beiden Typen im Verkaufsprogramm standen, waren sie Liebhaberfahrzeuge, Klassiker sind sie dann schnell geworden. Die Preise lagen immer etwa 7000 bis 8000 DM über den der vergleichbaren Limousinen und verliehen ihnen sofort eine exklusive Stellung. 35 931 Stück liefen in etwas mehr als zehn Jahren unter besonders intensiver Qualitätskontrolle vom Band, 7013 davon als Cabrio. Für nicht wenige Mercedesfreunde sind es die schönsten Wagen in der Ahnengalerie des Werkes überhaupt.

1966 enstand in Einzelanfertigung eine feine Landaulet-Ausführung für Professor Nallinger, natürlich als 300 SE. Sie hatte das Verdeck des Cabriolets, es reichte vom Kofferdeckel bis zur C-Säule. Von da an zierte den Wagen die Linie des Coupé-Daches.

Kraftvoll schon vor dem Start: das 300 SE-Coupé

Gemalte Einladung, einfach zuzusteigen, aus dem Jahre 1962 ►

220 SE Cabriolet und Coupé

Mercedes-Benz Coupés und Cabriolets gelten seit jeher als Meisterwerke der Automobilbaukunst. In diesem Frühjahr setzt die Daimler-Benz AG mit ihrem neuen Mercedes-Benz 220 SE Cabriolet sowie dem Coupé und Cabriolet vom Typ 300 SE diese Tradition fort. Während das 220 SE Cabriolet in seiner technischen Ausstattung dem bereits bekannten Coupé gleicht, ist das 300 SE Cabriolet und Coupé nach der besonderen technischen Konzeption des im Herbst vorigen Jahres vorgestellten Typs 300 SE gestaltet worden. Diese neuen Modelle bilden die Spitze eines Programms, das ebenso anspruchsvolle wie individuelle Wünsche in einem überdurchschnittlichen Maße erfüllt. Die Schönheit, Gediegenheit und sportliche Kraft dieser Fahrzeuge erlaubt es, sie als die Hohe Schule des Automobilbaus zu bezeichnen.

MERCEDES-BENZ

Ihr guter Stern auf allen Straßen

256 PGF

B-ER 227

Sonderfälle

KOMBI

Mit Vorsicht und berechtigter Skepsis ging Mercedes Mitte der sechziger Jahre das Thema einer Kombiausführung an. Bis dahin hatte man diese Sonderversion den Spezialisten überlassen, vor allem Miesen in Bonn und Binz in Lorch, aber auch bei Pollmann in Bremen und einigen anderen, kleineren Karosseriebauern. Diese stellten meist Krankenwagen und Leichenwagen her, ganz selten wurde ein Kombi für andere geschäftliche Zwecke oder gar private Nutzung bestellt. Nie waren diese Kombis Bestandteil des Mercedes-Programmes, sie wurden immer von den Karossiers in eigener Regie (und, was den Aufbau angeht) in eigener Verantwortung vermarktet.

Als Mercedes sich entschloß, mit dem Universal einen Kombi in das offizielle Programm aufzunehmen, muß man wohl geahnt haben, daß solche Fahrzeuge eine Zukunft haben würden, vielleicht auch in dieser Preisklasse. Seit 1961 gab es auf dem bundesdeutschen Markt in der Mittelklasse den Volkswagen 1500 Variant, und dieser Wagen hatte dem Kombi allgemein zum Durchbruch verholfen. Plötzlich sprachen immer weni-

◄ Das hochherrschaftliche Auto

Kombi aus einem Guß: der IMA-Universal, hier als 230

Schönheit für einen traurigen Zweck: 300 SE von IMA als Bestattungswagen

Rohkarosse im belgischen Montagewerk

ger Leute von einem „Maler- und Metzger-Auto", der Kombi kam für Familien in Frage. Freilich, das Familienbudget verkraftete ganz gut einen VW Variant, nicht aber einen Mercedes. Der Universal von 1966 kostete als 200 14 750 DM, als Diesel 15 400 DM, als 230 15 900 DM und in der feinen 230 S-Version 18 600 DM. Der familienfreundliche VW dagegen war als 1500 S für 7175 DM zu haben und damit, wenn auch mit einem Mercedes nicht vergleichbar, für breite Schichten bezahlbar. Erst Ende der siebziger Jahre war die Zeit reif für die Großserie der Mercedes-Kombi, das T-Modell erschien zur IAA 1977 und setzte sich durch.

Immerhin schaffte der Universal aus der belgischen Karosseriefabrik IMA in Malines einen Achtungserfolg. Rund 2000 Aufbauten mögen es gewesen sein, genaue Zahlen liegen nicht vor, geplant waren allerdings 5000. Der Start war jedenfalls gut, schon im Mai 1966 feierten die Belgier den 1000. Universal, wie aus einem Artikel der Mercedes-Mitarbeiterzeitschrift „Scheinwerfer" hervorgeht. Begonnen hatte die Produktion Anfang 1965 mit dem 190 D, im Herbst desselben Jahres wurde auf 200/230 und 230 S umgestellt. Der Jubiläumswagen wurde also kurz vor der Markteinführung in der Bundesrepublik gefertigt. Noch im selben Jahr war die Herrlichkeit zu Ende, IMA geriet in finanzielle Schwierigkeiten und ging kurze Zeit später in Konkurs. Wenig bekannt ist übrigens, daß in Malines auch Limousinen montiert wurden, im Sommer 1966 immerhin 25 Stück am Tag, wie der „Scheinwerfer" mitteilt. Einige Tausend Mercedes aus belgischer Montage liefen Mitte der sechziger Jahre auf belgischen Straßen.

„Marktforscher sagen, der Kombi sei im Kommen", unterrichtete die Zeitschrift ihre Leser im Werk und warb gleichzeitig um Verständnis: „Natürlich ist er ein Kompromiß, aber was in der Technik ist kein Kompromiß? Es kommt doch wohl nur darauf an, daß die Kombination weitgehend den gestellten Aufgaben gerecht wird. Und der Bogen dieser Aufgaben spannt sich so weit, daß zunehmend auch derjenige sich für den Kombiwagen interessiert, der ihn gar nicht als Nutzfahrzeug

Benelux spezial: „Bestelwagen" mit geschlossenen, hinteren Seitenscheiben

Besonders bei Viertürern ein Fahrzeug mit hohem Nutzwert

Anreise zum Jahrestreffen im eleganten Coupé . . .

Des Sammlers Stolz: das Auto im Auto

. . . oder im braven 200

Als Rarität bewundert: der Universal, hier mit US-Scheinwerfern

Auch ein Kombi kann schön sein: Abschluß der Dachlinie und die Heckklappe prägen das Bild des IMA-Universal, hier für den Prospekt aufgenommen vor exklusivem Hintergrund

Da paßt mehr hinein als in den Picknickkorb. Der feine Kombi als Freizeitfahrzeug hatte sich allerdings noch nicht durchgesetzt

Der Universal vor passendem Hintergrund: Als Nutzfahrzeug war er gedacht, und so ließ er sich auch gut einsetzen. Fotografiert im „Heimathafen“

Elegant wie eine Chauffeurslimousine: die Erscheinung des Universal 230 S im Glanze des Verkaufsprospekts

Kaum ein Auto paßt so gut zum teuren Hobby wie der 230 S Universal, stilvoll plaziert im Reiterhof

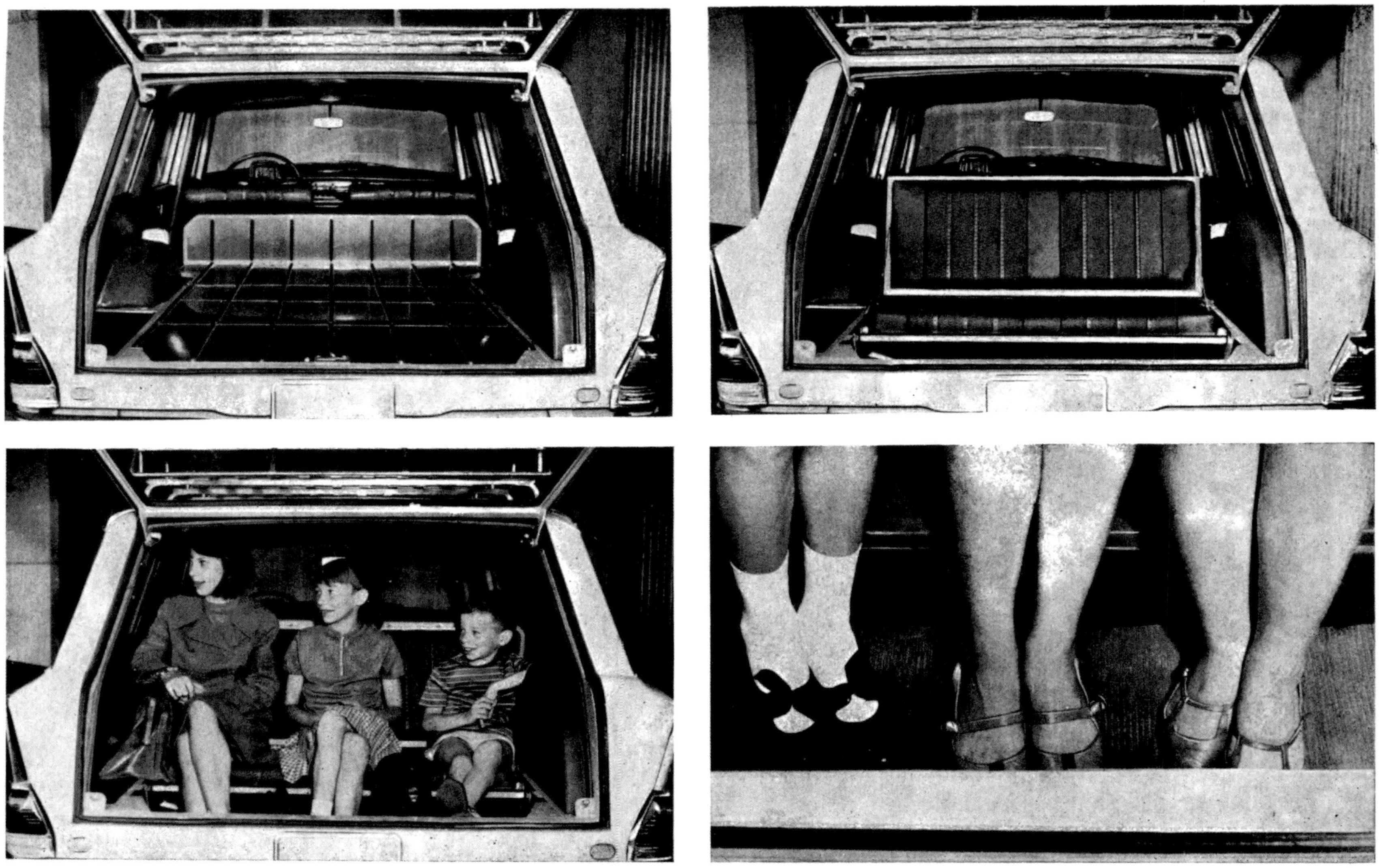

Der Universal als „Kleinbus": in der letzten Reihe schaut man nach hinten hinaus

haben will — sondern als geräumiges Familienfahrzeug, als Wagen zur Jagd und zum Fischfang, zu jeder Art von Sportausübung, weil er so herrlich viel Platz bietet: sowohl für Golfschläger wie für Gummiboote und, dies ganz besonders, für die Zelt- und Campingausrüstung. Daher nennt die belgische Partnerfirma IMA ihren MB-Kombiwagen durchaus berechtigt ‚Typ Universal'."

In den Abmessungen entsprachen die Universal den Limousinen, nur in der Höhe war der Wagen um 3,5 Zentimeter gewachsen. Was den IMA von den Miesen- und Binz-Fahrzeugen optisch unterschied, war vor allem die Fertigungsmethode. Keine nachträglich zerschnittenen Limousinen bildeten die Grundlage, sondern aus original Sindelfinger Preßteilen, aus angelieferten und dann umgeformten sowie aus selbst gefertigten Teilen bauten die Belgier ihr Produkt zusammen. Wichtigste Eigenproduktion war dabei das Kombidach. Das ist auch der Grund für die makellose Linie dieser Kombis (wobei man allerdings den Krankenwagenaufbauern Miesen und Binz zu Gute halten muß, daß sie für einen einzigen Zweck bestimmte Nutzfahrzeuge anboten und deshalb einiges verändern mußten). Besonders der 230 S mit den Scheinwerfern des „Großen" machte einen ausgesprochen eleganten Eindruck.

Das Wagengewicht des IMA war um 105 Kilogramm höher als das der Limousine, das zulässige Gesamtgewicht um 325.

Die Innenausstattung ließ nichts zu wünschen übrig, auf Stern-Niveau befand sich auch das Interieur des Heckabteils mit seiner Holzverkleidung. Geradezu revolutionär: die teilbare Rücksitzbank, auf Wunsch lieferbar. Es gab sogar die Wahlmöglichkeit, die Bank 1:1 oder 1:2 zu teilen. Außerdem befand sich als Sonderausstattung eine dritte Sitzreihe im Angebot, eine Klappbank mit der Rücklehne zur Fahrtrichtung. Unter der Ladefläche war hinten ein kleiner, zusätzlicher Gepäckraum geschaffen worden für Gegenstände, die sonst im leeren Auto herumgerutscht wären oder, wie der Reservekanister, Gestank verbreitet hätten. Die Hecktür hatte eine Arretierung, so daß sie während der Fahrt in jeder beliebigen Höhe festgestellt werden konnte. Die Tür wurde übrigens später zum gesuchtesten Teil der Kombi-Liebhaber, sie rostete offenbar schnell, Ersatz war immer schwerer zu beschaffen.

IMA ist restlos von der Bildfläche verschwunden. Gerüchteweise verlautet, daß der Konkursverwalter alle Werkzeuge hat verschrotten lassen, was er später, ange-

Seiner Zeit voraus: der IMA-Universal hatte bereits die umklappbare und teilbare hintere Sitzbank, ein Standard aller späteren Kombimodelle

UNIVERSAL

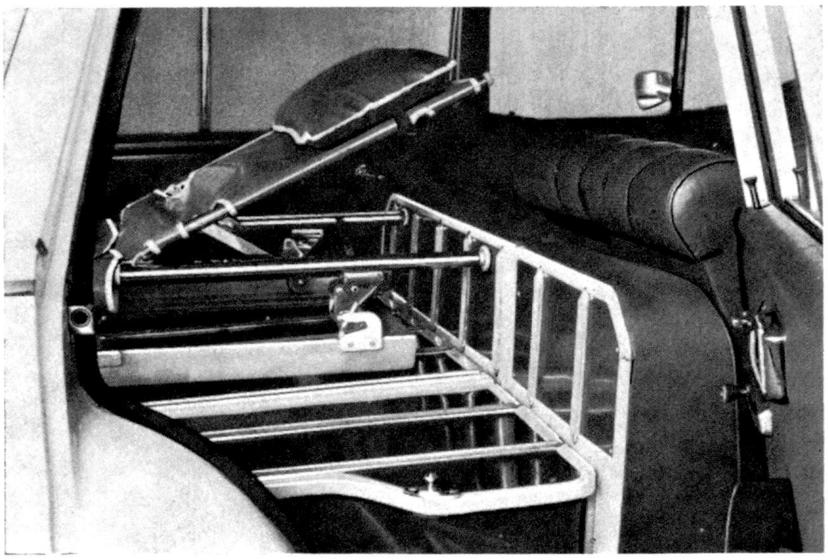
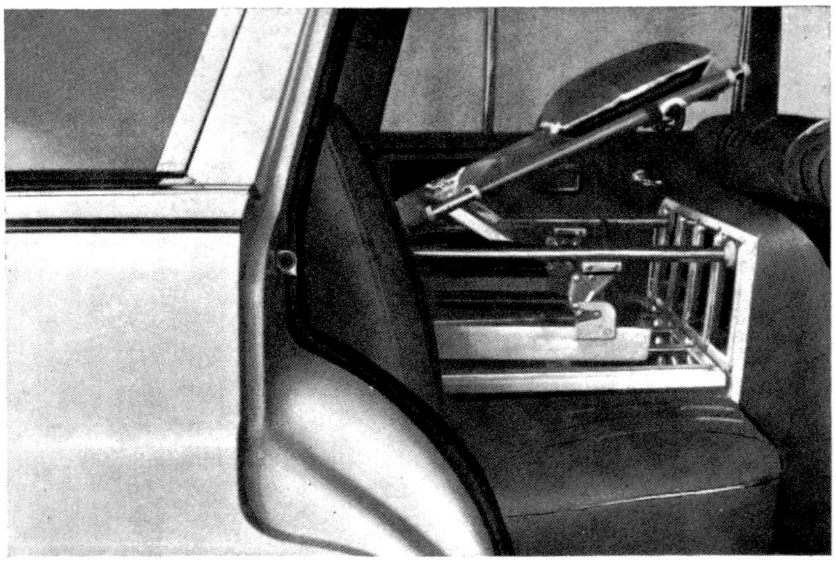
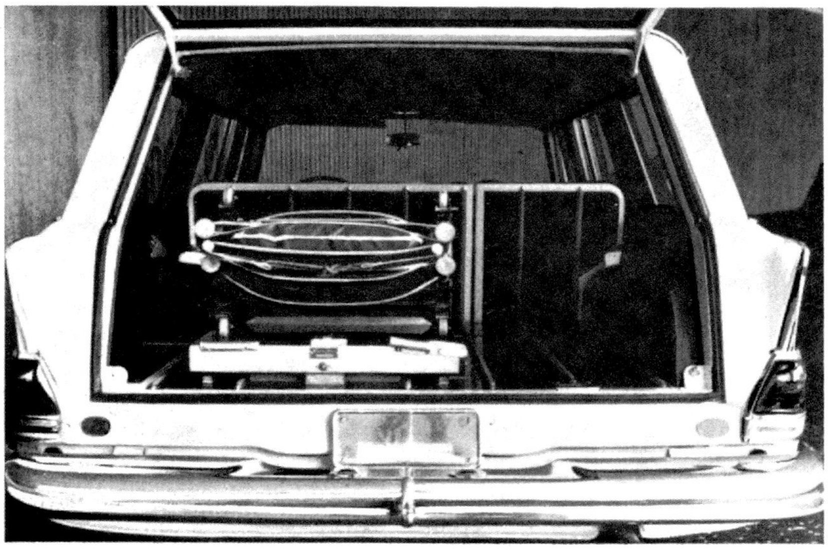
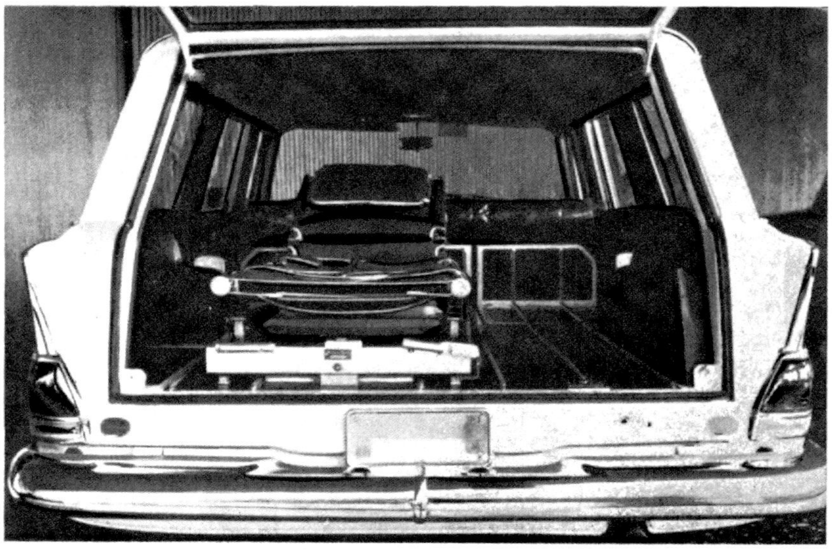

Der Universal mit Krankenliege. In der Bundesrepublik hatte diese Version übermächtige Konkurrenz

Krankenwagenaufbau von Binz: gut zu sehen ist die von der Limousine stammende Dachlinie. Dieser 190 hat eine fensterlose Heckklappe Werkfoto: Binz-Lorch

sichts der wachsenden Zahl der Kombi-Liebhaber, bereut haben soll. Zu spät.

Der Konstrukteur des Kombi, Herr Vermersch, hat immerhin verschiedene Unterlagen über das Fahrzeug gerettet und später der Heckflossen IG zur Verfügung gestellt.

Firmen wie Miesen und Binz mit ihren Spezialgebieten der Krankenwagen und – äußerlich – ähnlichen Fahrzeugen, haben in ihrer Geschichte die ganze deutsche Automobilindustrie in ihren Hallen gehabt. Ob VW Käfer oder Tempo Matador, Citroën „Wellblech" oder Hanomag Kurier, BMW V8 oder Merecedes 300, es gibt fast nichts, was nicht Basis für ein solches Spezialfahrzeug war. Die Mercedes-Limousinen waren nicht nur immer dabei, sie spielten immer auch die Hauptrolle im Angebot beider Firmen.

Entsprechend den Verwendungszwecken wurden die Wagen kräftig umgebaut. Miesen zum Beispiel erhöhte nicht nur das Dach, die Firma verwirklichte auch den stehenden Arzt-Arbeitsplatz in einem 190. Ob das sehr praktisch war, ist nicht überliefert, weit verbreitet war diese Version jedenfalls nicht. Der Rettungswagen auf Lieferwagenbasis machte solche Ideen überflüssig.

Bei den einfachen Fahrzeugen ist an den hinteren Seitenscheiben die Produktionsmethode deutlich erkennbar: Sie folgen der Biegung des Limousinendaches, verraten also die Herkunft aus einer schon gefertigten Karosserie. Nur Wagen mit deutlich erhöhtem Dach erhielten eine eigenständige Kombilinie. Regelrecht elegant wirkte der Haken in der Chromlinie in Höhe der B-Säule, ganz im Styling des Autos hatte Miesen hier den Höhenunterschied zwischen vorderer und hinterer Seitenscheibe ausgeglichen. In dieser Linie gab es auch einen eleganten Leichenwagen der Bonner, im Gegensatz zum Krankenwagen mit einer großen, durchgehenden hinteren Seitenscheibe ausgestattet und ohne hintere Seitentüren. Die bei solchen Fahrzeugen früher übliche Haltestange an der Seite (die Trauernden sollten im Ehrengeleit neben dem Schrittempo fahrenden Auto hergehen können) wirkte optisch als zusätzliche Chromleiste recht gut, ebenso das Dachgestänge zum Befestigen von Schmuck (zwanzig Jahre später hatte das im Prinzip jeder Kombi für das Dachgepäck). Miesen hatte schon vom 200 eine verlängerte Version im Programm, ebenso Binz. Binz lag mit seinen Produkten immer ähnlich, beide beherrschen seit langer Zeit diesen kleinen Spezialmarkt.

Für den Einsatz im Süden: der 200 mit Miesen-Aufbau hat eine Klimaanlage

Hoch und lang ist dieser Krankenwagen von Miesen ausgefallen

Krankenwagenaufbau von Miesen: der 190 ist offenbar ein Vorläufer des Rettungswagens

Luxusausgabe des Krankenwagens: als Basis diente Binz hier ein 220, Auftraggeber war das Rote Kreuz

Werkfoto: Binz-Lorch

1563

1562

1897

An vieles muß der Umbauer denken: das Reserverad ist in hinter der Klappe

Komfortabel für die Nutzer des Wagens: diese Miesen-Tür geht bis zum Wagenboden

Hier muß die empfindliche Last etwas höher gehoben werden

◄ Krankenwagenparade von Binz

Wie bei der Hecktür des Universal von IMA haben auch die Umbauten von Miesen und Binz für den späteren Sammler ihre Tücken. Die ersten Halter der Krankenwagen kannten und kennen genau den Zeitpunkt, wann ein solcher Wagen abgestoßen werden muß. Denn dort, wo der Wagen beim Aufbau aufgeschnitten worden war, stellte sich zuerst der Rost ein, er war und ist an dieser Stelle schwer zu bekämpfen. Ihren eigentlichen Zweck haben die Wagen da freilich schon erfüllt; in Privathand trifft man frühere Krankenwagen selten an, obwohl sie sich so gut als Wohnmobil eignen würden.

Eine Rarität findet sich in den Unterlagen der Firma Miesen: den Pick-up auf Basis des 200 hat es tatsächlich gegeben. Er wirkt elegant in seinen Weißwandreifen. Die Partie über der Heckflosse ist als gerade Linie von der Fahrerhausrückwand durchgezogen, um eine rechteckkige Ladefläche zu schaffen. Das war in der Herstellung bestimmt nicht billig, aller Wahrscheinlichkeit nach blieb der Wagen ein Einzelstück. Er hat Rechtslenkung, über das Bestimmungsland kann man spekulieren. Wie wäre es mit Australien? Angeblich soll ein Pick-up auch bei den Frankfurter Stadtwerken gelaufen sein, feststellbar war dies nicht mehr.

Ebenfalls bemerkenswerte Kombiaufbauten, viele davon als Leichenwagen, lieferten die Firmen Rappold (Bremen), Pollmann (Bremen) und Möckle (inzwischen erloschen).

6203 Fahrgestelle haben in der Produktionszeit der Heckflosse das Werk zum Aufbau von Fahrzeugen an anderer Stelle verlassen. Die meisten davon entfielen auf den 200 D mit 2253, gefolgt vom 190 D mit 1825, der 190 brachte es auf 724, der 230 auf 639, der 200 auf 418, der 230 S auf 341, dreimal wurde der 220 für Aufbauten herangezogen.

Wie diese 6203 ausgelieferten Fahrgestelle sich aufteilen, läßt sich nicht mehr ermitteln. Möglicherweise sind in dieser Zahl auch die nach Belgien gelieferten Fahrgestelle für Limousinen enthalten.

200 D LANG

Sondermodelle gab es auch aus dem Hause Daimler-Benz selbst. Das bekannteste ist wohl die Langversion, in kleiner Serie für Taxibetriebe und Hotels hergestellt. Sie fand durchaus ihre Kunden, trotz Unförmigkeit und für das Gewicht zu schwachen Motorisierung (es gab den Wagen nur als Diesel). Der Wagen wog 140 Kilogramm mehr als die Limousine und durfte 285 Kilogramm mehr an Bord nehmen. Im Mai 1967 erschien die Langversion, schon ein Jahr später durch den Nachfolger der neuen Generation abgelöst (den es dann auch als Benziner gab). Die hintere Seitentür war auf die Höhe der mittleren Sitzbank vorverlegt worden und hatte dadurch eine eigene Form erhalten. Die mittlere Sitzbank war 1:2 geteilt und ließ sich vorklappen, anders ließ sich der Einstieg nach hinten nicht bewältigen. Platz hatte der Wagen auf dem um 650 Millimeter verlängerten Radstand genug, er erfüllte sicher auch seinen Zweck. Er kostete 15 650 DM und war damit 4150 DM teurer als der 200 D.

EINSATZFAHRZEUGE

Zu Sondermodellen sind auch Polizei- und Feuerwehrfahrzeuge zu zählen. 190, 200 und 220 waren bei Polizei und Feuerwehr beliebt. Als Notarztwagen hätten sie sich bestimmt auch gut gemacht, aber diese Einsatzvariante war seinerzeit noch unbekannt. Für den 200 als Funkstreifenwagen bot Daimler-Benz an technischer Sonderausstattung unter anderem eine verstärkte Kupplung, stärkere Lichtmaschine, größere Batterie, Abschleppvorrichtung hinten sowie zwei Nebelscheinwerfer an. Außerdem waren Handgasregulierung für die Aufladung der Batterie im Stand und die übliche polizeiliche Lichtaustattung lieferbar. Dazu gehörten auch Gelblichter links und rechts auf den hinteren Stoßfängern, also eine Warnblinkanlage. Im Paket waren daneben natürlich die Sirene, und, damals noch Sonderwunsch, Sicherheitsgurte, Schrägschultergurte genannt.

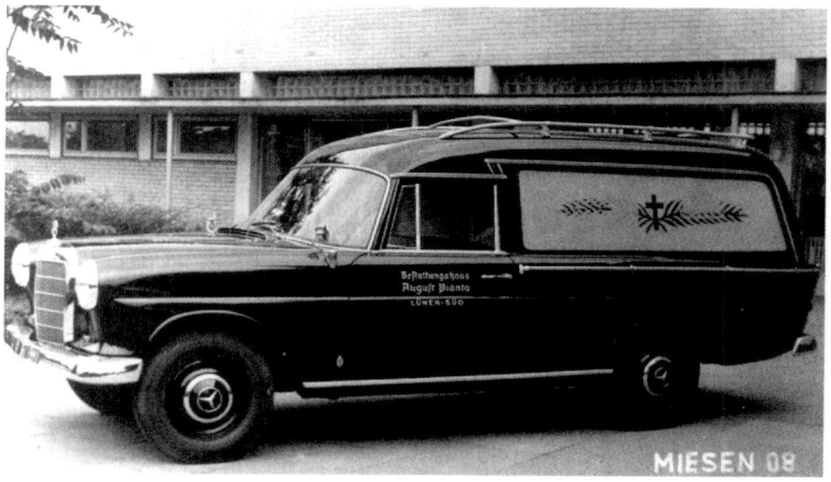

Schlichte Eleganz: ein 190 von Miesen als Bestattungswagen

Herausgeputzt sind diese zwei Miesen-Aufbauten. Man beachte die gezackte Dachlinie

Die Rarität unter allen Heckflossen: der Pick up wurde einst bei Miesen gebaut.

Ein 220 mit zusätzlicher Chromausstattung. Soll er dem 300 SE ähnlich sehen?

Völlig harmonsich paßt sich der Kasten nicht der Linie des Wagens an

300 SE als Bestattungswagen in Langversion, aufgebaut bei Miesen

220 im Polizeilook: äußerlich genügten Blaulicht und Martinshorn

Viele Polizeidienststellen fuhren Mercedes, doch längst nicht alle, auch wenn sie schnelle Wagen brauchten. In München haben Streifenwagen mit dem Stern verständlicherweise nicht Fuß gefaßt. 1964 gab es einen Anlauf, der dortigen Polizei Mercedes nahezubringen. Der BMW V8 war ausgelaufen, die BMW 1500/1800 erfüllten angeblich nicht alle Anforderungen der Polizei. In dieser Situation versuchte die Konzernleitung, für eine Polizeirallye Münchener Beamten einen Mercedes zur Verfügung zu stellen. Die Absage kam prompt: aus lokalpatriotischen Gründen sagte Polizeipräsident Schreiber Rennleiter Karl Kling – für Rallyes war er nun einmal zuständig – ab, die Münchener Polizei blieb bei BMW.

Platz genug für jeden Fahrgast bot der lange Mercedes

TAXI

Es gab Zeiten, in denen Mercedes in der Bundesrepublik fast ein Monopolist im Taxibereich war. Die damals noch schwarzen Limousinen mit dem Stern verkörperten das deutsche Taxi fast wie der berühmte Wagen von Carbodies in London. Im Laufe der Jahrzehnte ist die übermächtige Stellung des Hauses Daimler-Benz auf diesem Markt etwas abgebaut worden, ohne daß die führende Position aufgegeben wurde.

„Mercedes-Benz Taxi in aller Welt", so informiert ein Spezialprospekt über den 200 D. 1600 in Lissabon, 1100 in Wien, 650 in Hongkong, stolze 2500 in Kopenhagen und sogar 2950 in Teheran sind unter anderen zu diesem Zeitpunkt im Einsatz. Neben den bekannten Vorzügen dieser Mercedes-Limousine listet der Prospekt eine spezielle Sonderausstattung auf: unter anderem elfenbeinfarbenes Lenkrad, Haftsuchscheinwerfer, Zweiklangfanfare, Radio und Entstörung, Ruhesitze links und rechts, Armlehne vorn (klappbar), Zwischenpolster, Sicherheitsgurte (!), wärmedämmendes Glas für alle Scheiben, heizbare Heckscheibe, Türverriegelung mit Zusatzsicherung, Feuerlöscher und Verbandskasten.

Die Klientel der Taxifahrer hatten und haben die Verkaufsstrategen des Hauses immer im Auge. Schließlich nützt es dem Image, wenn möglichst viele Fahrzeuge in dem harten Alltagsdienst des Taxibetriebes laufen und somit Strapazierfähigkeit unter Beweis stellen. Um so schlimmer war deshalb der öffentliche Protest von Taxifahrern Mitte der achtziger Jahre gegen Mängel des damals neuen mittleren Mercedes (W 124). Hier hatte eine besonders treue Kundschaft gemurrt. Bis dahin und augenscheinlich auch danach wieder gab es breites Einvernehmen zwischen dem Taxigewerbe und Daimler-Benz.

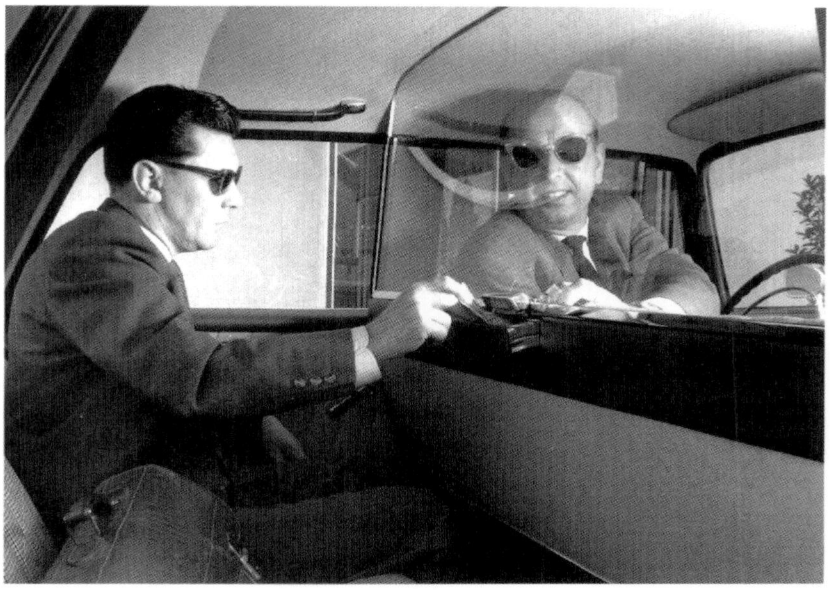

Trennscheibenversuch. Die Herren mit Sonnenbrille blieben die einzigen Nutzer

Im Jahre 1961 führte dies zur Vorstellung eines überfallsicheren Taxiwagens mit Trennscheibe, Zahlschalter, zentral verriegelbaren Fensterkurbeln und Innendrükker. Das linke Ausstellfenster wurde zum „Zahlfenster", rundum wurde Verbundglas angewendet. Mercedes glaubte, seiner Kundschaft mit der Vorstellung dieses Wagens einen Gefallen zu tun, nachdem es immer häufiger zu Überfällen auf Taxifahrer gekommen war. Zur Enttäuschung der Konstruktionsabteilung fand die Idee keinen Anklang, nicht ein Fahrzeug des in Frankfurt vorgestellten Typs wurde verkauft, Produktionseinrichtungen und bevorratetes Material mußten verschrottet werden. Die Taxifahrer wollten keine Trennscheibe, auch eine entsprechende Verordnung wurde seinerzeit wieder abgeschafft. Die Fahrgäste werden den Taxifahrern dankbar gewesen sein, denn die Trennwand machte Taxifahren zu einer gefährlichen Sache, wenn ein Unfall passierte.

Der 200 in der Langversion, hier noch in der alten Taxifarbe schwarz. Kurze Zeit später wurde auf das freundlichere Elfenbein umgestellt

Ausstattung / Preise

1000 DM mehr verlangte Daimler-Benz für den Fortschritt des neuen 220 gegenüber dem alten 219. Im Jahre 1959 entsprach diese Differenz dem Monatsgehalt des gut verdienenden Akademikers. Daran läßt sich ablesen, wie teuer ein Mercedes den Kunden kam. 11 500 DM kostete der neue 220, weit weniger als die Hälfte war für die damalige erste Stufe des vollwertigen Autos, den VW Käfer, aufzuwenden, nämlich 4600 für die bessere Version, den Export. Die Motorisierung fing in jenem Jahr immer noch mit der BMW Isetta an, 2650 DM plus 45 DM für die Heizung. Die Grenze von 10 000 DM war eine für den Normalverbraucher unüberwindbare Schallmauer, ähnlich wie 30 Jahre später etwa die Grenze von 50 000 DM (die S-Klasse von Mercedes begann 1989 bei 60 000 DM). Der Hauptkonkurrent zu jener Zeit, der im Herbst 1959 ebenfalls neue und auch relativ erfolgreiche Opel Kapitän, blieb bei 9975 DM knapp unter dieser magischen Linie. Der große Borgward führte sich 1960 gleich mit 12 350 DM ein. Die BMW gab es nur noch als Achtzylinder, sie begannen bei 13 450 DM. Noch ein Preisvergleich: der 300 SL kostete in seiner teuersten Version 34 000 DM.

Der 220 S kam mit 13 250 DM, der SE mit 14 950 DM. Der feine Einspritzmotor wurde also mit 1700 DM in Rechnung gestellt. Bescheiden war das nicht, man setzte aber auf die Wirkung der Zauberbuchstaben SE. Ähnlich ging Mercedes in späteren Modellreihen vor, beson-

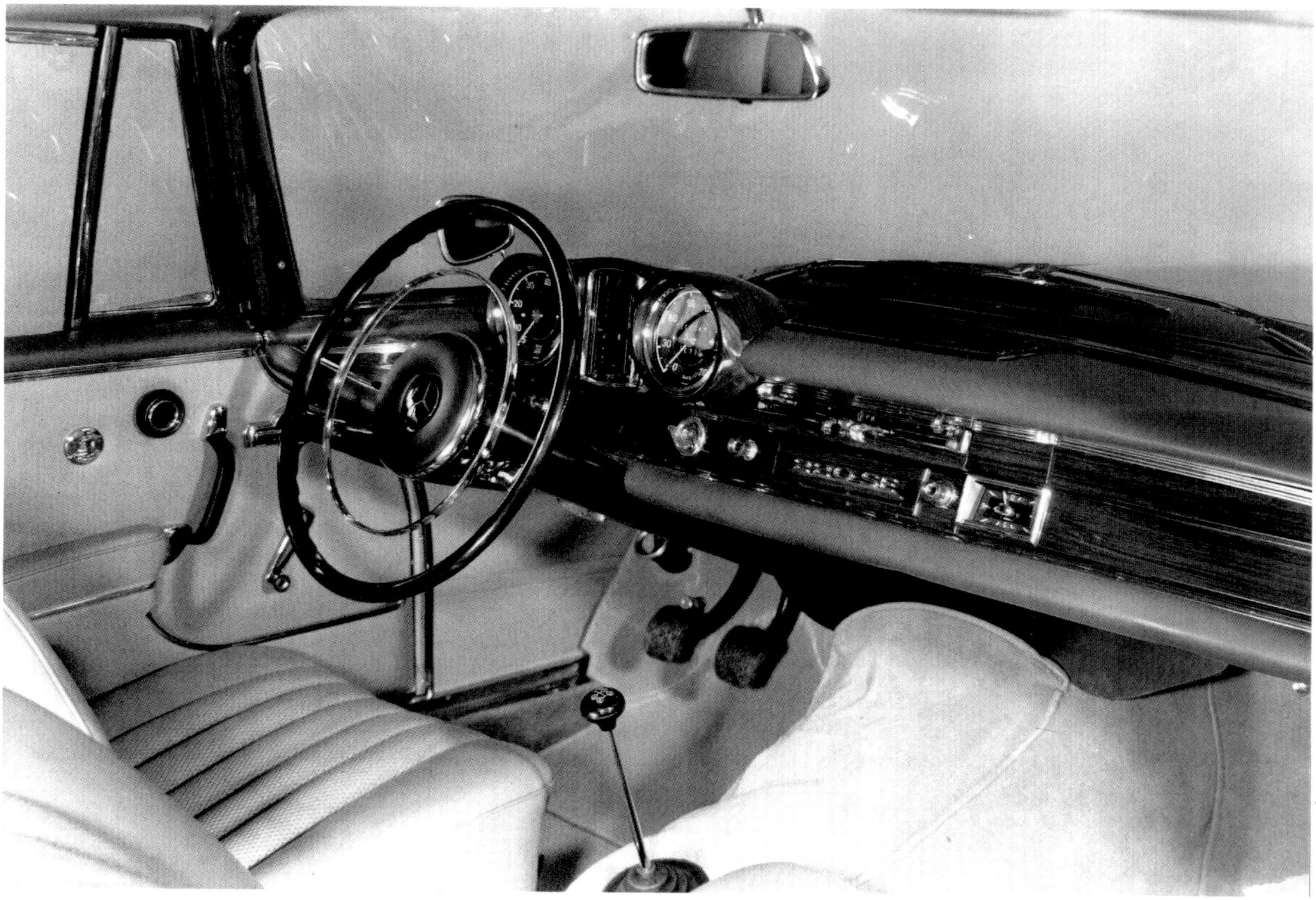

Cockpit des 220 SE Coupé: zwei Rundinstrumente – zusätzlich ein Tourenzähler – prägen das Bild des vornehmen Interieurs

Typisch Heckflosse: der Bandtachometer, hier in einem 200 mit Automatikgetriebe

ders teuer gerieten dabei stets Typen mit der traditionsreichen 300 auf dem Kofferraumdeckel.

Zur technischen Sonderausstattung zählten seinerzeit das Stahlschiebedach für 550 DM und die hydraulisch-automatische Kupplung für 450 DM. Für den Innenraum war die Liste länger, sie reichte vom Anschnallgurt, pro Sitz 120 DM, über die Kopfstütze für 125 DM, und das elfenbeinfarbene Lenkrad für 12 DM, bis zur klappbaren Armlehne für die Fahrereinzelsitze für 80 (Stoff/Texleder), 98 (Texleder) und 115 DM (Polsterleder). Schonbezüge standen von 160 (Plastik mit Elastik) bis 205 DM (Texleder mit Cartex, Syntex) im Programm.

Eine Mercedes-Preisliste wäre unvollständig ohne die berühmten Koffersätze. Fünfteilig (365 DM) und sechsteilig (462 DM) für die Limousinen (zwei Kleiderkoffer groß, ein Wäschekoffer mittel, ein Wäschekoffer klein, natürlich ein Hutkoffer und der Schnallriemen in der einen und mit einem weiteren großen Kleiderkoffer in der anderen Version) warteten darauf, verstaut zu werden. In der Liste von 1965 sind sogar Einzelpreise enthalten: bei einem Gesamtpreis der sechsteiligen Version von 535 DM kam beispielsweise der Einzelkoffer auf 95 DM und der Hutkoffer auf 50 DM. Die Koffer für das Coupé und Cabriolet waren übrigens unterschiedlich, in den kleineren Kofferraum des Cabriolet paßten Maßkoffer für 440 DM, in den des Coupés solche für 530 DM.

Wer den Luxus liebte (und das taten wohl viele Kunden des Hauses), konnte noch mehr Geld ausgeben. An Radios standen zu Beginn zur Verfügung, sämtlich von der Firma Becker: Le Mans (690 DM), Brescia (670 DM), Mexico (720 DM) und Europa (545 DM), jeweils mit Adapter. Der Haftscheinwerfer für Windschutzscheibe, ein typisches Instrument der fünfziger Jahre, kostete 40 DM.

Originell mutet rückblickend die Formulierung der Verkaufsbedingungen an. „Die vorgenannten Preise verstehen sich freibleibend für das serienmäßige Fahrzeug mit 5-facher Bereifung, mit Heizung, ab Werk Sindelfingen,

Obwohl in sich klar gegliedert, fehlte es dem Tachometer an Ablesbarkeit

Chromsymbol der Oberklasse an der C-Säule des 300 SE

unverpackt." Unter dem Stichwort „Verpackung" findet sich übrigens die „Seekiste" für 525 DM in der Liste. Es hat eben alles seinen Preis.

Erstaunlich reichhaltig sind die Bestellisten für ausgefallene Extras. Schon 1959 hatten die Modellplaner in Untertürkheim an Fahrer und Mitfahrer gedacht, die von Rückenleiden geplagt waren. Es gab orthopädische Rückenlehnen, und zwar in Kunstleder, Posterstoff und Leder.

Viel zu tun hatten die Techniker, bis ein neues Modell serienreif war. Ein ganzes Blatt listet auf, was in Fahrzeuge für Länder mit schlechten Straßen einzubauen war: härtere Federn und Stoßdämpfer, Staubschutz für die hinteren Stoßdämpfer und Lenkungsdämpfer, Auspuffleitung hinten mit dicker Wandstärke, Hauptschalldämpfer aus besonderem Blech (Armco-Blech) und schließlich eine Bleibatterie in Tropenausführung.

Zwei Preisextreme fanden im August 1961 Einzug in das Programm: der 190 war der letzte Mercedes, der bei Einführung unter 10 000 DM zu haben war: 9950 DM wurden verlangt, ziemlich exakt die Differenz zwischen dem 220 SE und dem neuen 300 SE, der 24 150 DM kostete. Dieser hohe Preis war eindeutig ein Prestigepreis. Er verfehlte die geplante Wirkung, den Wagen exklusiv zu machen, nicht, ob die Stückzahl aber so bescheiden vorgesehen war, darf bezweifelt werden. Der Preis des 190 und des 190 D (10 450 DM) war zwar gegenüber dem 220 günstig, lag aber immer noch auf dem Niveau des Opel Kapitän. Überraschend gering ist der Minderpreis für das Fahrgestell für Aufbauten von Kombiwagen: Nur 750 DM sparte der Besteller gegenüber der kompletten Limousine ein. Kräftig zugelangt wurde von Anfang an bei Cabrio und Coupé, 25 500 und 23 500 DM waren veranschlagt.

1962 war es mit der Preisstabilität vorbei, zwischen drei und 6,5 Prozent schlug Daimler-Benz auf. Am meisten dabei, obwohl eben erst eingeführt, beim billigen 190, der 300 SE kam ungeschoren davon. Es blieb aber die einzige Preiserhöhung für diese Modelle. Erst mit dem 200 und dem 230 gab es wieder neue Preise. Der 200 kletterte gegenüber dem 190 um 400 auf 11 000 DM, der Diesel um 500 auf 11 500 DM, der 230 übertraf den 200 um 950 DM, der 230 S den 220 S um 250 DM und kam auf runde 14 000 DM. Der neue 250 S führte sich mit 15 300 ein. Zum Vergleich: der aktuelle Konkurrent von

Opel, der neue Kapitän, war bei 10 990 DM gelandet, der bessere Admiral bei 12 200 DM.

Zu Zeiten feiner Zweifarblackierung hatte es der Autokäufer schwerer als nach dem Abebben dieser Mode. Schließlich mußten beide Farbtöne gefallen, und das bedurfte doch einer ausführlichen Prüfung (angeblich meist durch die Ehefrau des Käufers, das soll seinerzeit die einzige Form von Mitbestimmung der Frauen beim Autokauf gewesen sein). Aus Mangel an geeigneten Unterlagen zur farbechten und modellgetreuen Wiedergabe sind die zum Teil sehr interessanten und nicht immer harmonischen Farbkombinationen hier kurz aufgezählt, die Farbe für die untere Wagenpartie zuerst genannt:

graphitgrau/schwarz, hellgrau/graphitgrau und umgekehrt, hellgrau/schwarz und umgekehrt, schwarz/mittelrot, hellgrau/mittelblau und umgekehrt, schwarz/moosgrün und umgekehrt, mittelrot/schwarz, mittelrot/hellgrau, horizontblau/blau, perlmuttgrün/dunkelgrün, seegrün/weißgrau und arabergrau/weißgrau. Das Cabrioletverdeck gab es in Schwarz, Marineblau, Dunkelgrau, Beige, Hellgrau, Braun und Grün. Die Zweifarblackierung kostete bei der Limousine anfangs 180 DM Aufpreis.

Bild aus senkrechten und waagerechten Linien. An Chrom hat es nicht gemangelt

Für die Reise gehobener Ansprüche: diese vier Herren wissen den Komfort des 220 SE Coupés zu schätzen

Überredung und Information

Ein Prospekt nicht einfach zum Verteilen, sondern für den ernsthaften Interessenten der soeben der Öffentlichkeit vorgestellten Autos: wenn des Deckblatt mit der verheißungsvollen Zahlen-Buchstabenkombination 220 S/SE nebst Firmenschriftzug und Stern umgeschlagen ist – festgehalten von aufwendiger Spiralheftung – bleibt der Blick des erwartungsfrohen Betrachters zunächst auf einem dünnen, feinen Vorsatzblatt hängen, verziert mit einer Skizze des Benz Viktoria von 1893. Hindurch schimmert aber schon von der eigentlichen ersten Seite das, was der künftige Besitzer des feinen Autos wissen will: „Der Wagen neuer Maßstäbe", steht dort, in dünner, vornehmer Schrift auf qualitätsvollem Papier geschrieben.

1 Beide Vordertüren mit großem Öffnungswinkel sind von außen abschließbar und von innen zu verriegeln. Durch den Drehknopf können die Ausstellfenster millimeterfein eingestellt werden. Die Türöffner sind versenkt angebracht. Zugleich als Türziehgriffe dienen die bequemen, vollelastischen Armlehnen. Die Fensterleisten sind gepolstert.

2 Nicht nur beide Sessel, auch die Lehnen des Fahrer- und Beifahrersitzes können verstellt werden. Sie lassen sich zum Rasten und Ruhen nach hinten umklappen.

3 Die hinteren Türen, ebenfalls mit großem Öffnungswinkel, lassen sich innen verriegeln. Auch die Fensterleisten der Fondtüren sind gepolstert. Die Türöffner wurden in die Verkleidung eingelassen. Außerdem stehen Ihnen zur Verfügung: bequeme, vollelastische Armlehnen, eingelassene Aschenbecher und Haltegriffe.

4 Leichte Mulden in der Rückenlehne der Fahrgastbank im Fond geben guten seitlichen Halt. Die Armlehne in der Mitte fügt sich, hochgeklappt, glatt in das Rückenpolster ein.

5 Die Türschlösser mit Sicherheitsfalle wurden neu konstruiert. Die Sperrklinken und Schloßösen an den Türsäulen verhindern in jeder Situation ein unbeabsichtigtes Aufspringen der Türen. Das Abschließen von innen erfolgt durch Niederdrücken des Verriegelungsknopfes.

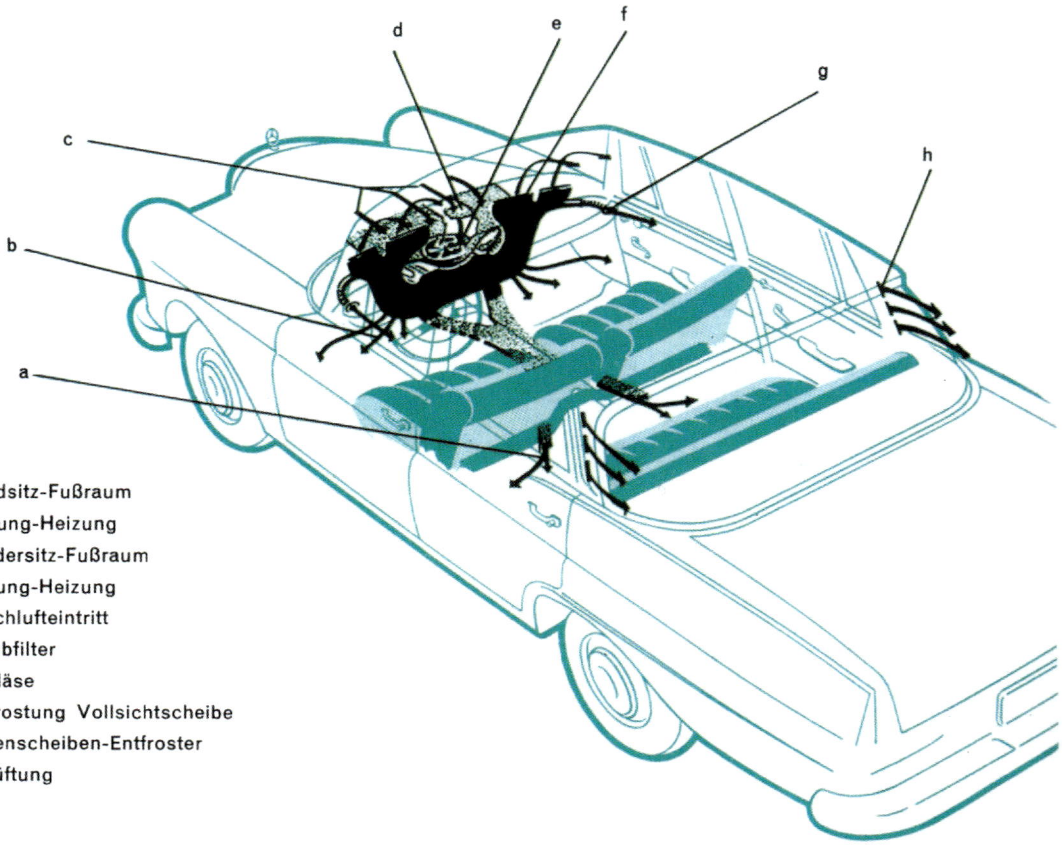

a Fondsitz-Fußraum Lüftung-Heizung
b Vordersitz-Fußraum Lüftung-Heizung
c Frischlufteintritt
d Staubfilter
e Gebläse
f Entfrostung Vollsichtscheibe
g Seitenscheiben-Entfroster
h Entlüftung

Ganz neu entwickelt wurde die Heizungs- und Lüftungsanlage. Der Lufteintritt erfolgt vor der Vollsichtscheibe, ein Staubfilter wurde zusätzlich eingebaut. Kalt- oder Warmluft werden durch Staudruck oder das Zusatzgebläse zur Vollsichtscheibe, in die regulierbaren Entfrosterdüsen für die vorderen Seitenscheiben und in den vorderen und hinteren Fußraum geleitet. Eine zusätzliche Entlüftung kann durch die vorderen Ausstellscheiben gewählt werden.

Die Luft zieht zwischen Dach und Wagenhimmel zugfrei ab und verläßt den Innenraum durch die Entlüftungsschlitze in den hinteren Säulen der Heckscheibe. Die zusätzliche Luftklappe unter der Motorhaube kann der Lüftungs- und Heizungsanlage Frischluft zuführen, wenn dies in besonderen Fällen — z. B. bei starkem Schneetreiben — durch den zugewehten, unmittelbar vor der Vollsichtscheibe liegenden Einlaßschlitz nicht möglich ist.

Betriebsanleitung aus dem ersten Prospekt des 220. Wer sich diesen Text genau durchlas, hatte sich mit dem (seinem?) neuen Auto schon angefreundet

Nur wenige werden wohl beim ersten Begutachten des 22 Seiten starken Verkaufsprospektes den Text an dieser Stelle gelesen haben, ehe sie weiterblätterten, denn die Steigerung der Gefühle hat schon eingesetzt: nun will man ihn auch sehen. Er kommt mit einem aufklappbaren, farbigen Blatt, zuerst natürlich in der markanten Front, dann, nach vorsichtigem Aufklappen, in ganzer Länge, auf der Fahrerseite, versteht sich, und in Schwarz, mit Weißwandreifen. Damit der Betrachter dabei den Maßstab nicht verliert, ist links oben eine kleine Zeichnung des Wagens aus der Vogelperspektive eingeblockt. Überhaupt präsentiert sich der 220er in den ersten Prospekten nur in Zeichnungen, realistisch zwar, ab und zu aber auch kräftig idealisiert. Das Kapitel zum Lesen neben dem Prachtexemplar von künftigem Auto: „Vom Fahrkomfort zur Fahrkultur".

Der wißbegierige Kaufinteressent wird seinerzeit schnell weitergeblättert haben. Erst später mag der Text an dieser Stelle auf ihn eingewirkt haben: „Betrachten Sie ihn bitte von vorn: der niedrige und breite Kühler, die eleganten Leuchteinheiten, die wuchtigen, glatten, um die Kotflügel herumgeführten Doppelstoßstangen, alles bildet eine wohlabgewogene Einheit. Die gestreckte Karosserie mit den großen Vollsichtscheiben und breiten Türen, der straffen, ästhetisch klaren Linienführung und dem dezenten Chromschmuck ist frei von kurzlebigen, modischen Extravaganzen. Schon die erste Fahrt in diesem Wagen wird Sie begeistern! Die Harmonie von kraftvollem Temperament, bestechender Straßenlage und ideal ausgewogener Federung wird Sie den bedeutenden Schritt vom Fahrkomfort zur Fahrkultur spüren lassen."

Die Rückseite des einladenden Farbblattes zeigt den Kofferraum und die Koffer, die hineinpassen (es sind natürlich genormte Daimler-Benz-Koffer). „Alle Raumwünsche erfüllt", erläutert die nächste Druckseite, verdeutlicht an einer „durchsichtigen" Schnittzeichnung in Seitenansicht. Es folgen dann zwei Seiten Gestaltung im Detail, denn es steht an das Kapitel „Schönheit von Zweckmäßigkeit geformt". Lampen, Scheiben und Chromleisten werden erläutert und, in sanftem Blau koloriert, dem Betrachter nahegebracht.

Den nächsten tieferen Einblick gewährt Seite 9, das zweite, auf Hochglanz hergestellte Farbblatt des Pro-

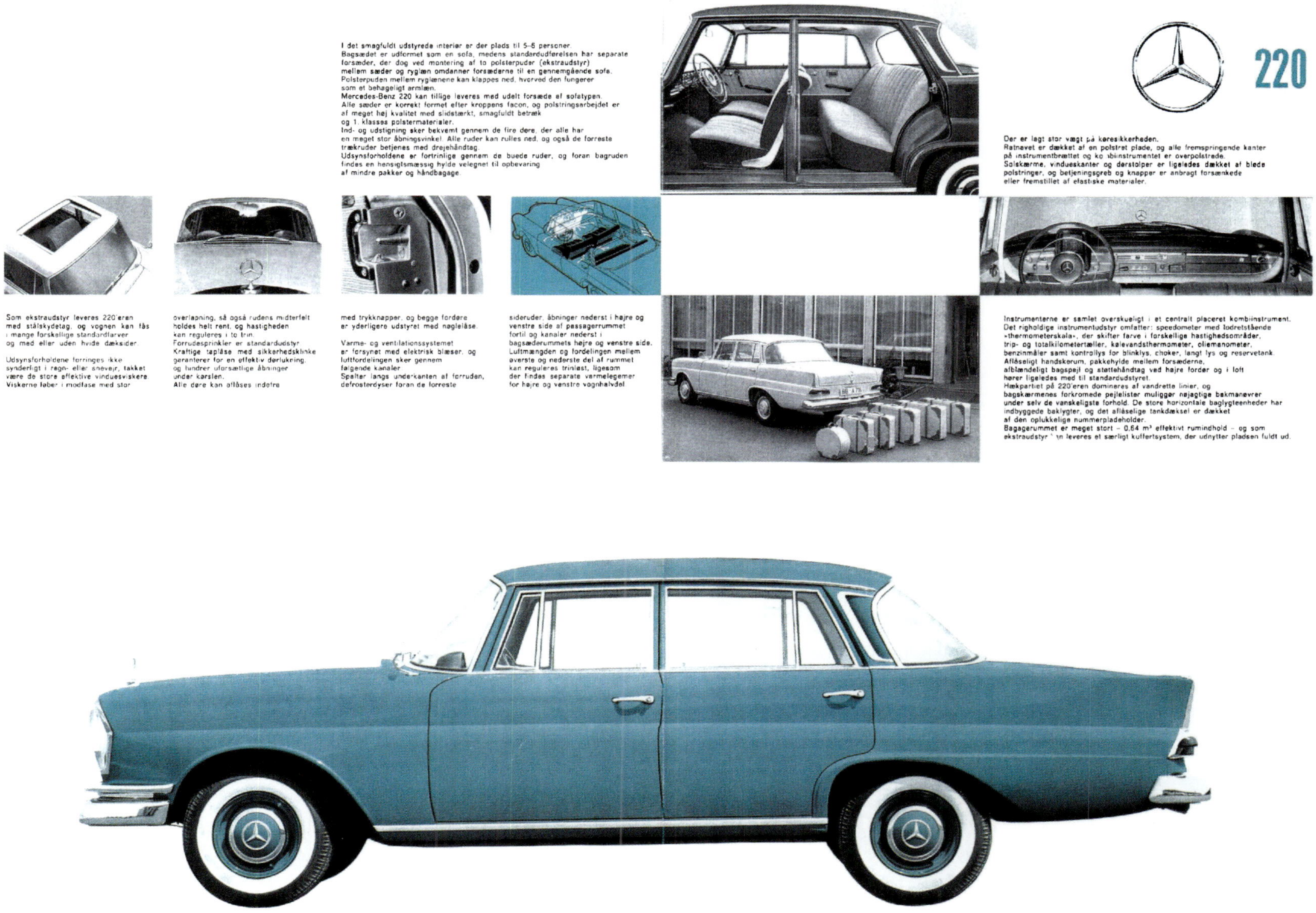

Die frohe Kunde vom feinen Mercedes wurde in vielen Sprachen verbreitet. Hier ein Prospekt für Dänemark

spektes. „Komfortabel bis ins kleinste Detail", verheißt der dazugehörige Text. Die großformatige Zeichnung verspricht noch mehr. Mehr Platz nämlich, als selbst die (damals noch nicht bekannte) Langversion des 300 SE zu bieten hatte. Der Fußraum für die Fondpassagiere hätte selbst der englischen Königin im Rolls-Royce noch genügt. Es war der Stil der Zeit, in Verkaufsprospekten mit Zeichnungen zu übertreiben, Mercedes tut dies hier, verglichen mit der Konkurrenz, sehr dezent. Die Rückbank des Urahns von 1898 bereichert die gegenüberliegende Textseite, ehe es nach weiterem Umblättern plötzlich sachlich wird. Ausstattungsbeispiele in kleinen, ebenfalls gezeichneten Bildern und auf der Textseite ein Schema zum Thema Heizung und Lüftung erläutern, ohne in die Tiefe zu gehen, den hohen Komfort.

Ein Blatt weiter geht es um den aus späterer Sicht zentralen Punkt dieses Autos: „Das große Leitmotiv: Ihre Sicherheit", heißt es, und abgebildet ist in seiner ganzen Pracht das Armaturenbrett aus der Perspektive des Einsteigenden. Der Betrachter hat Platz genommen und erfährt auf den nächsten beiden Doppelseiten das Nötige zur eigenen Sicherheit.

Am Schluß schießlich ist Technik pur dran. „Leicht zu beherrschende Kraft", das ist der Motor, ebenfalls in Farbzeichnungen erläutert. Textprobe: „Steile, lange Gebirgspässe, stundenlange Vollgasfahrten auf der Autobahn, schwieriger Großstadtverkehr: Solche Belastungen verlangen einen Motor, der ebenso stark wie zuverlässig, ebenso ausdauernd wie elastisch ist." Der Leser aus den neunziger Jahren nimmt es ungläubig zur Kenntnis: „Stundenlange Vollgasfahrten auf der Autobahn..." Und die steilen und langen Gebirgspässe sind gut zwei Jahrzehnte nach Erscheinen des Prospektes bestenfalls noch eine spezielle Liebhaberei von Reisenden, die viel Zeit haben.

Karosserie und Rahmenbodenanlage folgen beim Blättern, wiederum garniert mit einem Stück des Urahns, um das Ausmaß des Fortschritts deutlich zu machen. Lenkung und Federung bilden den Abschluß des Textes, ehe auf dem letzten Farbblatt die ganze Pracht des 220 S sich von hinten zeigt. 22 erlesen gestaltete Seiten für das schöne Auto, wahrlich ein Argument, das den Interessenten überzeugen mußte, falls er die Preisliste schon gesehen hatte.

Der Anfangsprospekt für den 220 ist bis auf Kleinigkeiten gleich, hier und da ist der Wagen in anderer Perspektive dargestellt, unter anderem bei der Erläuterung des Armaturenbrettes: Hier ist die Fahrerposition gewählt, in Gedanken sitzt man schon drin und braucht nur noch loszufahren. Einen Hauch realistischer machten die Entwerfer des Prospektes für den 220 die Gestaltung der Textblätter. Statt der Betonung der Tradition des Hauses wie beim Prospekt des 220 S und SE sind leicht nachkoloriert Zeichnungen aus der Produktion verwendet. Zufall oder eine bewußte Bezugnahme auf den Kreis der Ansprechpartner, die auf das ganz exklusive verzichten und einen sehr guten Gebrauchswagen haben wollten?

Es sind auch für den Sammler unserer Tage schöne Prospekte. Dezent und selbstbewußt tritt Mercedes auf, Ausstattung, Stilmittel und Aussagen des Druckwerkes unterstreichen den Anspruch, der Beste zu sein, ohne es hinauszuschreien. Der Prospekt hat es nicht einmal nötig, das zum Wagen passende Umfeld zu vermitteln, die Autos stehen nackt auf weißem Papier und wirken um so mehr.

Es fällt auf, daß die epochal neue Sicherheitstechnik nicht in den Mittelpunkt gestellt wird, spektakuläre Bilder von Crashversuchen oder Kreiselfahrten finden sich erst in späteren, wesentlich versachlichten Prospekten.

Offenbar entschloß man sich gerade in jenen Jahren zu einer offensiveren Gangart, denn die im Umfang gleichen Prospekte für dieselben Wagen aus dem Jahre 1963 unterscheiden sich stark von der Erstausgabe.

Farbfotos haben die Zeichnungen verdrängt. Es sind ausgesucht gute, sicherlich vom Fotografen mühevoll gestellte Bilder, jetzt auch mit passendem Hintergrund wie einer romantischen Burg oder der Villa dessen, der zu viel Geld gekommen ist.

Auf den Effekt der eindrucksvollen Frontpartie beim ersten Aufblättern verzichtet man beim weiterhin aufklappbaren Farbblatt, so großartig wirkte sie nach vier Produktionsjahren auf den Betrachter im Vergleich zur Konkurrenz ja auch nicht mehr, der Reiz des Neuen war weg. Verzichten mußten die Verkäufer mit dem neuen Prospekt auch auf die Darstellung der gezeichneten „Großraumlimousine", das jetzt verwendete Foto kommt den wahren Platzverhältnissen doch schon wesentlich näher. Immerhin wurde es bei ausgebauten Türen aufgenommen, ganz nach dem Vorbild der Idealzeichnung.

Das Thema „Souverän auf jeder Straße", gemeint ist die Straßenlage, verstärkten die Werbestrategen mit einem Foto aus dem Rallyeeinsatz. Dafür wird im Gegensatz zur Erstausgabe auf Gestaltungsbeispiele verzichtet. Technische Details sind in Schwarz-Weiß-Fotos gezeigt, geblieben sind die Textseiten mit den nachkolorierten Darstellungen. Wenn auch der zweite Prospekt bei weitem nicht so exklusiv gestaltet ist wie der erste, hat er doch seine besondere Note. Die Textüberschriften sind jetzt sogar in verschnörkelter Schönschrift gehalten, es ist beim Noblesse ausstrahlenden Wechsel der Hochglanzseiten mit Textseiten aus gutem Papier geblieben, und am Schluß, gewissermaßen als letztes Argument, hat der Prospekt, jedenfalls der für den S und SE, ein nur leicht aufgeklebtes Farbbild, zum Herausnehmen also, um ihm ein Plätzchen zu geben über dem Schreibtisch oder im Hobbykeller.

Weg vom Einheitsmodell zur Typenvielfalt:
das erfährt der Leser 1965 in dieser Werbung ►

Niemals zuvor in seiner Geschichte hat Ihnen Mercedes-Benz ein größeres und stärkeres Programm geboten als heute

Jetzt beantworten 15 Mercedes-Benz Modelle alle Fragen der Autofahrer von heute. Es sind präzise Antworten, die auf neuen Tatsachen beruhen.

Das neue Mercedes-Benz Programm gibt Antwort auf die Fragen nach Beschleunigung und Motorkraft, nach größerer Sicherheit und noch besserem Fahrverhalten. Antwort auf die aktuellen Fragen nach ermüdungsfreiem Fahren durch Schwingungs- und Geräuschdämpfung, nach höherer Zuverlässigkeit, nach maximalem Wirkungsgrad der technischen Aggregate, von den Bremsen über die Heizung bis zur Federung.

Viele Jahre hatten Mercedes-Benz Ingenieure mit diesen Fragen zu tun. Wir wissen: Es sind Ihre Fragen. Wir haben sie Ihnen beantwortet. Alle. Besser denn je.

Die Mercedes-Benz Klasse

Das wird Sie interessieren: die Mercedes-Benz Dokumentation

Typ 200 4-Zylinder, 2 Vergaser, 95 PS bei 5 200 U/Min., Spitze 160 km/h

Typ 200 D 4-Zylinder Diesel, 55 PS bei 4 200 U/Min., Spitze 130 km/h

Typ 230 6-Zylinder, 2 Solex-Vergaser, 105 PS bei 5 200 U/Min., Spitze 170 km/h

Typ 230 S 6-Zylinder, 2 INAT-Vergaser, 120 PS bei 5 400 U/Min., Spitze 175 km/h

Typ 250 S 6-Zylinder, 2 INAT-Doppel-Register-Vergaser, 130 PS bei 5 400 U/min., Spitze 180 km/h

Typ 250 SE 6-Zylinder, 6-Stempel-Einspritz-Pumpe, 150 PS bei 5 500 U/Min., Spitze 190 km/h

Typ 250 SE Cabriolet 6-Zylinder, 6-Stempel-Einspritz-Pumpe, 150 PS bei 5 500 U/Min., Spitze 190 km/h

Typ 250 SE Coupé 6-Zylinder, 6-Stempel-Einspritz-Pumpe, 150 PS bei 5 500 U/Min., Spitze 190 km/h

Typ 300 SE 6-Zylinder, Einspritz-Motor, 170 PS bei 5 400 U/Min., Spitze 190 bis 200 km/h

Typ 300 SEL 6-Zylinder, Einspritz-Motor, 170 PS bei 5 400 U/Min., Spitze 190 bis 200 km/h

Typ 300 SE Cabriolet 6-Zylinder, Einspritz-Motor, 170 PS bei 5 400 U/Min., Spitze 190 bis 200 km/h

Typ 300 SE Coupé 6-Zylinder, Einspritz-Motor, 170 PS bei 5 400 U/Min., Spitze 190 bis 200 km/h

Typ 230 SL 6-Zylinder, 6-Stempel-Einspritz-Pumpe, 150 PS bei 5 500 U/Min., Spitze 200 km/h

Typ 600 8-Zylinder, Einspritz-Motor, 250 PS bei 4 000 U/Min., Spitze 205 km/h

Typ 600 Pullman 8-Zylinder, Einspritz-Motor, 250 PS bei 4 000 U/Min., Spitze 205 km/h

MERCEDES-BENZ

Ihr guter Stern auf allen Straßen

5175 PI

Für höchste Ansprüche

Bei der Konzeption des 300 SE ist man von der Überlegung ausgegangen, daß auch ein repräsentativer Reisewagen der Forderung des Kunden nach möglichst viel Fahrgast- und Kofferraum – andererseits jedoch durch in vernünftigen Grenzen bleibende Außenmaße auch den heutigen Verkehrsverhältnissen gerecht werden muß. Es lag daher nahe, die Grundform der modernen, gestreckten Vollsichtkarosserie von den 220er Modellen zu übernehmen. Damit bietet der 300 SE 5–6 Personen reichlichen Platz, und er weist im Heck einen sehr geräumigen Kofferraum von 0,64 m^3 auf, in dem sich umfangreiches Gepäck mühelos unterbringen läßt (6teiliger, abgebildeter Spezialkoffersatz auf Sonderwunsch). – Die unterschiedliche stilistische Gestaltung des 300 SE besteht in der Verwendung von Chromschmuck außen, besonders aber in der sehr kultivierten Ausstattung des Innenraumes, die dem Wagen auch optisch die Note des Außergewöhnlichen verleiht. Bestimmend dafür sind in erster Linie die sehr sorgfältige handwerkliche Verarbeitung jedes Details, die Verwendung von dekorativem Holz und erlesenen Bezugsstoffen sowie das reiche Zubehör, das den hohen Komfort des Wagens abrundet. – Der Fahrer des 300 SE genießt alle Annehmlichkeiten, die die moderne Technik heute zu bieten hat. So wurde alles getan, um ihm die Handhabung des Wagens weitgehend zu erleichtern: automatisches Getriebe zur Entlastung von Kuppeln und Schalten; Servolenkung für müheloses Lenken in jeder Situation, Servobremsen für spielend leichte Betätigung des Bremspedals. Das dadurch

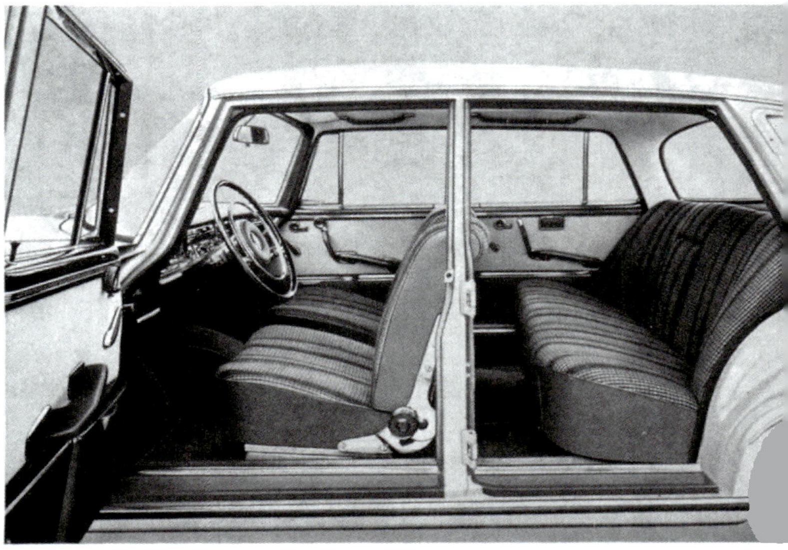

300 SE

rreichte ermüdungsfreie Fahren wird begünstigt durch bequem angeordnete, örpergerecht gepolsterte Einzelsitze, die weit verstellbar sind und somit dem ahrer und Beifahrer jede gewünschte Sitzposition ermöglichen.
ie Armaturenanlage enthält in übersichtlicher und griffgünstiger Anordnung ie erforderlichen Bedienungsknöpfe und -hebel sowie, vor dem Lenkrad, as Kombi-Instrument, in dem sämtliche Kontrollinstrumente zusammengefaßt sind.
ur serienmäßigen Ausrüstung gehören unter anderem: Scheibenwaschanlage, weistufige Scheibenwischer, elektrische Zeituhr, abblendbarer Innenspiegel, artenleselampe, beleuchteter, verschließbarer Handschuhkasten, Zigarrenanzünder, aschen auf beiden Vordertüren, Ablageschale zwischen den Vordersitzen.

Die Lehnen der Vordersitze sind in der Schräglage stufenlos, auch während der Fahrt, bis zur Auflage auf die Fondbank verstellbar. –
Klappbare Mittelarmlehnen vorn und hinten.

Zahlreiche wirksame Sicherheitsmaßnahmen für alle Fahrgäste: Lenkrad mit Polsterplatte, Polsterungen an der Ober- und Unterkante der stoßnachgiebig konstruierten Armaturenanlage, an den Sonnenblenden, an Türsäulen und Fensterunterkanten; alle Bedienungsknöpfe und -hebel aus elastischem Material oder versenkt angeordnet; spezielle Sicherheitsschlösser, die ein unfreiwilliges Aufspringen der Türen in jeder Situation verhindern.
Beispielhafte Heizungs- und Lüftungsanlage: mit zweistufigem Zusatzgebläse, getrennter Beheizung der Fahrer- und Beifahrerseite, außerdem mit Entfrostung auch der Heckscheibe; Dauerentlüftung des Wageninnern.
Heizung und Belüftung für Fondfußraum und Fondsitze auf Sonderwunsch.

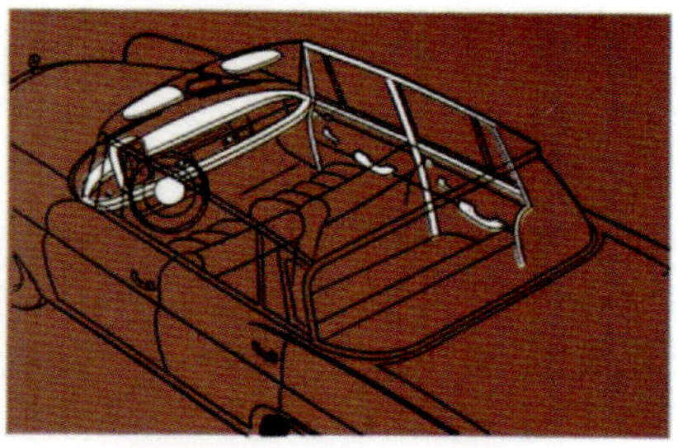

Gespart wurde trotzdem ein wenig gegenüber der Erstausgabe; statt der Spiralheftung sind die Blätter jetzt geklebt. In den Texten wird naturgemäß weniger das Neue als die Tradition betont, auf wichtige Aspekte wie den der Sicherheit wird direkter und offensiver eingegangen. Letztes Indiz der Versachlichung: es ist jetzt in einer Tasche in der dritten Umschlagseite je ein Blatt mit allen Daten und zum Kundendienst beigefügt. Die Erstausgabe kam noch ohne aus, hatte dafür aber vier gebundene Seiten mehr.

Als 1961 der 300 SE erscheint, ist im Hause Daimler-Benz schon die neue Prospektgestaltung aktuell: Fotos statt Zeichnungen, bei edler Aufmachung realistische Darstellung. Der Aufbau entspricht den Ausgaben für die 220er, er umfaßt 22 Seiten zuzüglich Datenblatt. Die Überschriften der Textseiten sind im Gegensatz zu denen der 220er schlagzeilenartig. Nach „Der neue 300 SE" folgen „Der Stil", „Das Interieur", „Am Steuer", „Der Kofferraum", dann in Abwandlung der bisherigen Ordnung „Der Langstreckentest", schließlich „Die Bauweise", „Der Motor" und, exklusiv für den 300 SE, „Die Luftfederung". „Die Straßenlage" bildet den Abschluß. Besonders originell ist die Darstellung der Luftfederung: Der Wagen wird in Heckansicht gezeigt, zuerst leer, dann mit zwei Personen, links vorn und hinten sitzend, schließlich mit fünf Personen voll besetzt. Und was stellt der Betrachter fest: natürlich keinerlei Veränderung des Niveaus. Zum optischen Festhalten verbindet die drei nebeneinander stehenden dunkelblauen Wagen eine dicke schwarze Linie. Die Größe des Kofferraums unterstreicht ein Vergleich mit Vorfahren, den Modellen 230 von 1937 und 230 von 1938.

◄ Bitte einsteigen: der 300 SE im Prospekt, in stolzer Größe von der Seite, mit dem obligatorischen Koffersatz und mit optisch vergrößertem Innenraum

An der Spitzenstellung des Modells im eigenen Programm und überhaupt läßt der Prospekt keinen Zweifel im einführenden Text: „Immer wieder hat es unter den unzähligen Automobilkonstruktionen vergangener Jahrzehnte Modelle gegeben, die Leitbilder für die Automobiltechnik ihrer Zeit darstellten – Wagen, an denen die Konstrukteure zusammengefaßt das jeweils Mögliche demonstrierten." Es folgt ein Satz von erstaunlicher Akrobatik, abseits jeder Logik: „Das jüngste Glied in der Kette berühmt gewordener Spitzenmodelle von Mercedes-Benz ist der neue Typ 300 SE." Wie kann ein neues Auto schon berühmt geworden sein, schon ein Leitbild für alle anderen Autokonstrukteure darstellen? So drükken sich eine feine Übertreibung und unangreifbares Selbstbewußtsein der Verantwortlichen aus. Ganz Unrecht hatten sie ja nicht, als „berühmt gewordenes Spitzenmodell" ging der 300 SE am Ende seiner Zeit immerhin in die Firmengeschichte ein.

Wie ernst Mercedes den Kundenkreis für den 190 und 190 D nahm, zeigt der Erstprospekt, natürlich schon im Stil der Zweitausgabe des 220 und 220 S/SE: in Aufmachung und Ausstattung dieser entsprechend, mit den dünnen Vorsatzblättern, der aufklappbaren Farbseite zu Beginn und in der Aufteilung auch sonst, bis auf eine Ausnahme: die Kapitel „Sicherheit am Steuer“ und „Komfort“ sind beim 190 zusammengefaßt, der Prospekt umfaßt nur 16 statt 18 Seiten. Die Kapitelüberschriften sind jetzt wieder sachlich-vornehm gesetzt. Ein wenig scheint man gegenüber den anderen Prospekten an der Papierqualität gespart zu haben, aber insgesamt sah sich auch der Interessent des – relativ gesehen – Alltagsautos 190 und 190 D mit einer schön gemachten Entscheidungshilfe konfrontiert.

Eine Rarität für den Prospektsammler ist die Werbeschrift für den 1966 und 1967 angebotenen und kaum verbreiteten Universal auf der Basis des 220, 220 D, 230 und 230 S. Fein in der Aufmachung, nüchtern in der Gestaltung, macht sie den Interessenten auf die Möglichkeit eines Kombis mit dem Stern aufmerksam, damals eine keineswegs populäre Vorstellung. Aber man hatte bei Mercedes die Zeichen der Zeit erkannt: „Der Mercedes-Benz Universal ist ein repäsentativer Personenwagen mit zusätzlichem Laderaum für Geschäft, Freizeit und Hobby.“ Also kein Metzger- oder Malermeisterauto mehr; kleinere Kombis, vor allem der VW 1500, hatten den späteren T-Modellen von Mercedes den Weg bereitet. Mitte der sechziger Jahre war es noch eine Sonderanfertigung aus dem belgischen Montagewerk.

In großen Bildern werden die kombispezifischen Veränderungen vorgeführt, unter anderem auch die mehr als fortschrittliche Fondsitzbank. Sie war bekanntlich bereits teilbar (!), auf Wunsch lieferbar sowohl im Verhältnis 1:1 wie auch 1:2. Auch die dritte Sitzreihe, eine Klappbank mit dem Rücken zur Fahrtrichtung, ist dargestellt.

Das Umfeld aller im Prospekt abgebildeter Universal ist vornehm: Vorfahren vor dem Luxushotel, Einkaufen in bester Lage, Frachtentnahme aus dem Flugzeug, Rudern am See, Besuch auf der Pferderennbahn und Versorgen des eigenen Pferdes, dafür sollte der Wagen sein. Eher am Rande kommt in dem Prospekt der 230 S vor, man ahnte wohl schon, daß der Edelkombi mit den klassischen Leuchteinheiten nicht im Mittelpunkt des Interesses stehen würde. Dafür ist ihm die letzte Seite, wie der Titel in Farbe, gewidmet.

Einmalig unter Automobilprospekten dürfte die Ausgabe zum Sieg des 300 SE in Argentinien von 1964 sein. In packenden Fotos (schwarz/weiß) berichtet er von der Zuverlässigkeit und Leistungsfähigkeit des zu diesem Zeitpunkt schon nicht mehr ganz neuen Wagens.

Sitzkomfort für 5–6 Personen auf allen Plätzen: vorn große, weit verstellbare Einzelsitze mit einer Ablageschale in der Mitte. Auch die günstige Anordnung des Lenkrades sorgt dafür, daß Fahrer jeder Statur unbeengt und ermüdungsfrei sitzen. Durch Einfügen eines Zwischenpolsters in die Ablageschale und eines zweiten zwischen beide Vorderlehnen läßt sich vorn eine Sitzbank herstellen. Das Lehnenpolster kann außerdem heruntergeklappt werden und dient dann als mittlere Armlehne. (Beide Zwischenpolster auf Sonderwunsch.) Die Fondbank ist wie die vorderen Sitze sehr sorgfältig gepolstert und zudem genau der Körperform angepaßt. Die Bezüge sind von ausgesuchter Güte und sehr strapazierfähig. Alles in allem ein Innenraum, der, nicht zuletzt auch durch seine vornehme Gestaltung und das hervorragende Finish bis ins letzte Detail, verwöhnende Reisekomfort bietet. – Gediegen und übersichtlich gestaltete Armaturenanlage mit griffgünstiger Anordnung aller Bedienungsknöpfe und -hebel. Im Kombinations-Instrum sind zusammengefaßt: der vertikale Signal-Tachometer (0–50 km/h gelb, 50–60 gelb-rot schraffiert, dann bis zur Spitze rot); Tages- und Gesamtkilometerzähler, Kontrollinstrum für Tankinhalt, Öldruck und Wassertemperatur, Kontrolleuchten für Blinker, Starter, Batterie, Fernlicht, angezogene Handbremse und Tankreserve. Die vier Hebel in der Mi

190

dienen zur Einstellung und Dosierung der sehr wirksamen Heizungs- und Lüftungsanlage (mit Zusatzgebläse und getrennter Beheizung der rechten und linken Seite, sowie der Windschutzscheibe und des Fußraumes). Weitere serienmäßige Ausstattung: Lenkschloß, elektrische Zeituhr, Zigarrenanzünder, blendfreier Innenspiegel; Scheibenwaschanlage, Haltegriff auf und über der rechten Vordertür sowie über beiden Fondtüren, gepolsterte Armlehnen an allen vier Türen. – Besondere Erwähnung verdienen die vielen Sicherheitsmaßnahmen: Sicherheits-Zapfenschlösser an allen vier Türen, Polsterplatte am Lenkrad, wirksame Polsterungen an der Ober- und Unterkante der stoßnachgiebig gestalteten Armaturenanlage, am Kombi-Instrument, an den Türsäulen und Sonnenblenden; sämtliche Bedienungsknöpfe und -hebel aus elastischem Material und im Sicherheitsrahmen der Armaturenanlage versenkt angeordnet, Befestigungspunkte für Sicherheitsgurte. Das Hock des 190: horizontale Leuchten mit getrennter Anordnung der Rückleuchten, Stopplichter, Blinker, Rückstrahler und Rückfahrscheinwerfer; Peilstege für zentimetergenaues Rückwärtsmanövrieren des Wagens; innen ein außergewöhnlich großer Kofferraum von 0,64 m³ Inhalt, in dem sich auf Ferienreisen das Gepäck der ganzen Familie mühelos verstauen läßt. Auf Sonderwunsch kann ein sechsteiliger Spezialkoffersatz (siehe Abbildung) bezogen werden.

Sichere Sache

Nach seiner Karosserieform ist er heute benannt, als „Heckflosse“ hat er einen Platz in der Ahnengalerie der Mercedes-Limousinen gefunden – und das sicher nicht zu Unrecht. Automobilgeschichte aber machte der Wagen wegen seiner passiven Sicherheit, wie das Schlagwort später hieß. Er war der erste Serienwagen der Welt mit Konstruktionselementen aus diesem Bereich.

Die Bilder gingen um die Welt wie die des sich überschlagenden Buckelvolvo, in dem der – angeschnallte! – Fahrer saß und dank Gurt unversehrt ausstieg: die Bilder des von Raketen auf Schienen gegen die Wand gejagten Mercedes, von nagelneuen Wagen, die in einer Rolle seitwärts abgingen, von zwei in sich verkeilten Fahrzeugen, scheinbar gesteuert von Puppen am Lenkrad. Die Öffentlichkeit nahm es staunend zur Kenntnis. Mercedes hat es ja, die können es sich leisten, Autos kaputt zu machen, um zu zeigen, wie gut diese sind, hat sich da manch einer gesagt. Werbewirksam waren die Crashversuche in der Tat, aber es war weit mehr als nur geschickte Öffentlichkeitsarbeit. Erfunden hatte Mercedes solche Tests zwar nicht, wie Karosserie-Chefentwick-

In der Erprobung: viele Messungen sind die Grundlage der Forschungen, gerade in Fragen der Sicherheit

Hier wird mit Gefühlen gearbeitet: Wer möchte dieser Schlagzeile nicht zustimmen? Die Anzeige stammt aus dem Jahr 1967 ▶

Wollen Sie große Worte oder größere Sicherheit?

Was Sie von der Mercedes-Benz Sicherheit erwarten können:

Die Straßenlage ist durch aufwendige Achsenkonstruktion extrem stabil. Spurtreue und Lenkpräzision sind gewährleistet. Die Hochleistungsmotoren geben Ihnen Kraftreserven in die Hand. Zweikreis-Bremsanlage mit Servounterstützung in allen Typen. Gepolsterter Innenraum (nicht nur Schaumgummi). Alle Knöpfe und Hebel sind versenkt oder geben nach. Zellenbauweise für die Karosserie. D. h. der Passagierraum ist außerordentlich fest und steif. Vorder- und Heckteil sind stoßnachgiebig gebaut.

Das sind nur Beispiele für eine beispiellose Sicherheit. Sie hat ihren Ursprung in Erfahrungen, Tests, Kontrollen – und Ideen. Ganze Serien von Patenten sind in Mercedes-Benz Fahrzeuge eingebaut.

Wir glauben, daß auch Ihre Familie auf diese Sicherheit ein Anrecht hat.

MERCEDES-BENZ

Ihr guter Stern auf allen Straßen

67 Alm

Das Mercedes-Benz Programm: 15 PKW-Modelle von 2–6 Liter, von 55–250 PS (DIN) · 19 LKW-Grundtypen in über 500 Ausführungen, mit Nutzlasten von 1,7 t – 15 t und Gesamtgewichten von 3.6 t – 26 t · 7 Omnibus-Typen in insgesamt 60 Ausführungen (Stadt-, Überland- und Reiseomnibusse) für 10 bis 117 Fahrgäste (10 bis 55 Sitzplätze) · 5 Unimog-Typen mit Leistungen von 34 bis 80 PS (DIN) · ferner Kommunal- und Feuerwehrfahrzeuge.

Typ 190/190 D

190: Viertürige Limousine, 4-Zylinder-Benzinmotor, 80 PS bei 5000 U/min., Höchstgeschwindigkeit ca. 145 km/Std.
190 D: Wirtschaftlicher, robuster 4-Zylinder-Dieselmotor, 55 PS bei 4200 U/min., Höchstgeschwindigkeit 125 km/Std. Beide Wagen mit Zweikreis-Servobremssystem und Scheibenbremsen vorn. Auf Sonderwunsch: DB-automatisches Getriebe, Stahlschiebedach.
Preis ab Werk:
190 10 600,— DM; 190 D 11 100,— DM

Typ 220

Viertürige Limousine mit 6-Zylinder-Benzinmotor, 95 PS bei 4800 U/min., Höchstgeschwindigkeit ca. 155 km/Std. Zweikreis-Servobremssystem mit Scheibenbremsen vorn. Auf Sonderwunsch: DB-automatisches Getriebe, DB-Servolenkung, Stahlschiebedach.
Preis ab Werk: 220 12 160,— DM

Typ 220 SE Coupé/Cabriolet

Zweitüriges, 4- bis 5sitziges Coupé oder Cabriolet, 6-Zylinder-Einspritzmotor, 120 PS bei 4800 U/min., Höchstgeschwindigkeit ca. 170 km/Std., Handschaltgetriebe mit Knüppelschaltung, Zweikreis-Servobremssystem mit Scheibenbremsen vorn. Auf Sonderwunsch: DB-automatisches Getriebe, DB-Servolenkung.
Preis ab Werk:
220 SE Coupé 23 500,— DM; 220 SE Cabriolet 25 500,—DM

Typ 300 SE Coupé/Cabriolet

Zweitüriges 4- bis 5sitziges Coupé oder Cabriolet, 6-Zylinder-Einspritzmotor aus Leichtmetall, 160 PS bei 5000 U/min., Höchstgeschwindigkeit ca. 180 km/Std. Ausgestattet mit: Luftfederung, DB-Servolenkung, Zweikreis-Servobremssystem mit Scheibenbremsen an allen 4 Rädern, mit Bremsmomentabstützung, Sperrdifferential. Auf Wunsch: DB-automatisches Getriebe oder Handschaltgetriebe.
Preis ab Werk:

300 SE Coupé mit mech. Getriebe	**31 350,— DM**
300 SE Coupé mit autom. Getriebe	**32 750,— DM**
300 SE Cabriolet mit mech. Getriebe	**33 350,— DM**
300 SE Cabriolet mit autom. Getriebe	**34 750,— DM**

Typ 220 S und 220 SE

220 S: Viertürige Limousine, 6-Zylinder-Benzinmotor, 110 PS bei 5000 U/min., Höchstgeschwindigkeit ca. 165 km/Std.
220 SE: 6-Zylinder-Einspritzmotor, 120 PS bei 4800 U/min., Höchstgeschwindigkeit ca. 170 km/Std.
Beide Typen mit Zweikreis-Servobremssystem und Scheibenbremsen vorn. Auf Sonderwunsch mit DB-automatischem Getriebe, DB-Servolenkung, Stahlschiebedach.
Preis ab Werk:
220 S 13 750,— DM; 220 SE 15 450,— DM

Typ 300 SE und 300 SE lang

Viertürige Limousine, 6-Zylinder-Einspritzmotor aus Leichtmetall, 160 PS bei 5000 U/min., Höchstgeschwindigkeit ca. 180 km/Std. Ausgestattet mit: Luftfederung, Servolenkung, Zweikreis-Servobremssystem und Scheibenbremsen an allen 4 Rädern, mit Bremsmomentabstützung, Sperrdifferential.
Auf Wunsch mit DB-automatischem Getriebe oder Handschaltgetriebe.
300 SE lang mit besonders geräumigem Fond.
Preis ab Werk:

300 SE mit mech. Getriebe	**23 100,— DM**
300 SE mit autom. Getriebe	**24 500,— DM**
300 SE lang mit mech. Getriebe	**26 400,— DM**
300 SE lang mit autom. Getriebe	**27 800,— DM**

Typ 600 'Der Große Mercedes'

Limousine mit normalem Großraum und 2 Sitzreihen für 5 bis 6 Personen, auf Wunsch mit Trennwand.
Pullman-Limousine mit Trennwand und 3 Sitzreihen für 6 bis 8 Personen.
6,3 Liter, 8-Zylinder-V-Motor mit Benzineinspritzung, 250 PS. Höchstgeschwindigkeit ca. 205 km/Std.
Ausstattung: Luftfederung mit Niveauregulierung. Zweikreis-Servobremssystem mit Scheibenbremsen an allen vier Rädern. DB-automatisches Getriebe. DB-Servolenkung. Sperrdifferential. Komfort-Hydraulik. Elektronisch geregelte Heizung und Lüftung. Zentrales Schließsystem.

Typ 230 SL

Zweitüriger Sportwagen, als Roadster mit vollversenkbarem Verdeck, als Coupé ohne Roadsterverdeck oder als Roadster mit Verdeck und aufsetzbarem Coupé-Dach, 6-Zylinder-Einspritzmotor, 150 PS bei 5500 U/min., Höchstgeschwindigkeit ca. 200 km/Std., Zweikreis-Servobremssystem mit Scheibenbremsen vorn, DB-Handschaltgetriebe mit Knüppelschaltung.
Auf Sonderwunsch: DB-automatisches Getriebe, DB-Servolenkung, Quersitz.
Preis ab Werk: 230 SL Roadster 20 600,— DM

ler Karl Wilfert in einem Vortrag im Jahre 1960 zugibt, die dabei gewonnenen Erkenntnisse aber umzusetzen, das war das Verdienst von Daimler-Benz bei diesem Wagen.

Man fuhr seinerzeit noch ziemlich sorglos Auto. Die Mär wurde noch geglaubt, daß ein schwerer Motor in einem steifen Aufbau die Insassen am besten schützt, weil ein solcher Wagen den Kontrahenten niederwalzt. Fotos von Kollisionen beispielsweise eines BMW V8 mit einem Lloyd 600 sollten das belegen. Was passierte, wenn solch ein schwerer Wagen gegen einen Baum prallte, bewegte die Menschen weniger. Viele waren der Meinung, bei einem Unfall aus dem Auto geschleudert zu werden, sei besser, als vom Gurt ans Auto „gefesselt" zu sein. In Wahrheit schätzen Fachleute den Anteil der Unfälle auf zwei Prozent, bei denen Herausschleudern Leben rettet. Die Zahl der Unfalltoten sollte noch bis zum Jahre 1972 unaufhörlich auf die heute unvorstellbare Zahl von rund 18 000 ansteigen. Es galt in jenen Jahren noch als Bewährungsprobe, allen Gefahren des Straßenverkehrs gewachsen zu sein.

Béla Barényi, der für die Sicherheit zuständige leitende Entwicklungsingenieur, beklagte noch 1965 in einem Vortrag in der Technischen Hochschule Karlsruhe, daß außer den damals schon mehr als fünf Jahre alten Mercedes-Limousinen (einschließlich des 600) und dem Sportwagen 230 SL kein einziges Serienauto die von Daimler-Benz aufgestellten und verwirklichten Sicherheitsanforderungen erfüllte! Der soeben erschienene Rover 2000 erhielt bei Barényi einige Pluspunkte, das 1963 von Pininfarina vorgestellte Experimentalfahrzeug „Sigma 2000" stellte zu diesem Zeitpunkt nach Barényi das Optimum dar. Kein Zufall war dabei, daß Pininfarina zwölf Daimler-Benz-Patente verwandte und dies auch der Öffentlichkeit korrekt mitteilte. Die zwölf Patente stammten von Barényi.

Der Redner in der Technischen Hochschule verzichtete in seinem Vortrag weitgehend darauf, sich und seinem Brötchengeber auf die Schulter zu klopfen (was freilich bei einem kritischen Publikum besser ankommt als Lobeshymnen), er beklagte vielmehr die Situation:

„a) Warum ist der Gedanke der Sicherheit – noch präziser: der inneren Sicherheit – noch immer nicht populär genug, ja sogar noch so unpopulär, daß ungleich nebensächlicheren Faktoren größere Bedeutung zugemessen wird?

b) Ist die Verwirklichung der ‚inneren Sicherheit' tatsächlich zu ‚teuer', als daß die dafür Verantwortlichen sich zu ihr bekennen könnten?

c) Sollte gar die Nichtbeachtung der ‚inneren Sicherheit' in der Mißachtung der gewonnenen einschlägigen Erkenntnisse wurzeln und damit eine mehr als unverständliche Gefühlsroheit gegenüber humanen Belangen aufdecken?

d) Sollte dort, wo bei den Verantwortlichen eine humane Denkungsart ganz einfach vorausgesetzt werden sollte, die nackte Profitgier – sprich: das marktwirtschaftliche Interesse – Vorrang haben?"

Hier sprach der kämpferische Ingenieur und nicht der werbende Firmenvertreter. Denn die These von der Profitgier war in jenen Jahren gewiß eine Provokation gegenüber der gesamten Industrie, zumindest wenn sie von einem leitenden Angestellten kam. Immerhin bildete sich gerade in jenen Monaten das kritische Potential der späteren Studentenbewegung, und der Kalte Krieg war noch nicht überwunden.

Aus Sicht Barényis konnte es für die gescholtene Konkurrenz gar nicht so schwer sein, die neu gewonnenen Grundbegriffe auch in ihre Fahrzeuge zu übertragen. Seine Thesen:

1) die Fahrgastzelle – ein neuer Begriff – soll möglichst „gestaltfest" sein, muß besonders geschützt werden,

2) die Vorder- und Hinterpartie darf nicht zu steif sein, damit energieverzehrende Formänderungen möglich sind,

3) die Aufprallflächen im Fahrgastraum müssen großflächig und energieverzehrend sein,

4) die Türschlösser dürfen beim Aufprall nicht aufspringen,

5) äußere Beschläge (wie Chromverzierungen) sollen aus elastischem Material sein, möglichst versenkt eingebaut werden, Rückspiegel sollen im Falle des Aufpralles am Fuß abspringen.

Das alles boten die aktuellen Mercedes Mitte der sechziger Jahre, einige schon seit 1959. Und damit hatte man es erreicht:

1) hohe Querträger vorn und hinten gaben der Fahrgastzelle besonderen Schutz,

2) entsprechend „abgelastet" wurden im Karosserieaufbau die Front- und die Heckpartie,

3) großflächig gepolstertes Lenkrad, energieverzehrende Instrumententafel, elastische Bedienungsschalter, Innenrückspiegel am Fuß abspringend, elastische Haltegriffe, versenkte Türziehgriffe, gepolsterte Tür- und Fensterleisten, stoßnachgebende Armlehnen, Fensterkurbel nachgebend, mit elastischem Knopf.

   Ganz wesentlich: das Lenkgetriebe saß nicht mehr vor der Achse, sondern dahinter, somit tief an der Stirnwand. Sie stand steiler und wurde beim Aufprall nicht mehr gegen den Fahrer gedrückt,

4) das von Karl Wilfert in den fünfziger Jahren entwickelte Sicherheitsschloß garantierte verschlossene Türen unter allen Umständen,

Realismus in der Anzeigengestaltung: die Erfolgsmodelle 200 und 200 D werden so gezeigt, wie sie sind. Eine Werbung aus dem Jahre 1965 ►

Neue Mercedes-Benz Forschung und jahrelange Entwicklung

Jetzt können Sie das Ergebnis kaufen

Folgen Sie uns wenige Minuten durch viele Jahre Forschung, Entwicklung und Tests für die Typen 200/200 D und für den neuen Sechszylinder 230.

Was ist für Sicherheit, Fahrkomfort und Leistung getan worden? 28 Verbesserungen wurden eingebaut.
Hier nun eine Auslese: Erheblich laufruhigere, schwingungs- und geräuschärmere Motoren. Noch wirkungsvollere Federn, Lenkung und Bremsen. Drehstromlichtmaschine. Neue Innenausstattung. 65-Liter-Kraftstofftank. Neue sportliche Motorleistungen beim 200 und 230.

Alles, was an diesen Wagen neu oder anders ist, hat sie besser gemacht.

Lernen Sie den vollen Wertkatalog kennen. Ihre Mercedes-Benz Vertretung erfüllt gern Ihre Wünsche.

Die Mercedes-Benz Klasse

Das wird Sie interessieren: die Mercedes-Benz Information

Typ 200 4-Zylinder, 2 Vergaser, 95 PS bei 5200 U/Min., Spitze ca. 160 km/h
Typ 200 D 4-Zylinder Diesel, 55 PS bei 4200 U/Min., Spitze ca. 130 km/h
Typ 230 6-Zylinder, 2 Vergaser, 105 PS bei 5200 U/Min., Spitze ca. 170 km/h
Typ 230 S 6-Zylinder, 2 Vergaser, 120 PS bei 5400 U/Min., Spitze ca. 175 km/h
Typ 250 S 6-Zylinder, 2 Doppel-Register-Vergaser, 130 PS bei 5400 U/Min., Spitze ca. 180 km/h
Typ 250 SE 6-Zylinder, Einspritz-Motor, 150 PS bei 5500 U/Min., Spitze ca. 190 km/h
Typ 250 SE Cabriolet 6-Zylinder, Einspritz-Motor, 150 PS bei 5500 U/Min., Spitze ca. 190 km/h
Typ 250 SE Coupé 6-Zylinder, Einspritz-Motor, 150 PS bei 5500 U/Min., Spitze ca. 190 km/h
Typ 300 SE 6-Zylinder, Einspritz-Motor, 170 PS bei 5400 U/Min., Spitze ca. 185 bis 200 km/h
Typ 300 SEL 6-Zylinder, Einspritz-Motor, 170 PS bei 5400 U/Min., Spitze ca. 185 bis 200 km/h
Typ 300 SE Cabriolet 6-Zylinder, Einspritz-Motor, 170 PS bei 5400 U/Min., Spitze ca. 185 bis 200 km/h
Typ 300 SE Coupé 6-Zylinder, Einspritz-Motor, 170 PS bei 5400 U/Min., Spitze ca. 185 bis 200 km/h
Typ 230 SL 6-Zylinder, Einspritz-Motor, 150 PS bei 5500 U/Min., Spitze ca. 200 km/h
Typ 600 8-Zylinder, Einspritz-Motor, 250 PS bei 4000 U/Min., Spitze ca. 205 km/h
Typ 600 Pullman 8-Zylinder, Einspritz-Motor, 250 PS bei 4000 U/Min., Spitze ca. 205 km/h

MERCEDES-BENZ
Ihr guter Stern auf allen Straßen

5178 PI

Béla Barényi, der Erfinder der Sicherheitstechnik im Mercedes

5) nicht nur der Mercedesstern war knickbar, auch an anderen Stellen waren scharfe Kanten verschwunden.

Wenn auch die Crashversuche von Daimler-Benz nicht die ersten waren, so wurden sie doch bei der Entwicklung der „Heckflosse“ erstmals systematisch auf das Ziel optimaler passiver Sicherheit ausgerichtet, sie wurden außerdem variiert und verfeinert. Erster Akt waren Versuche mit dem Schlagkopf: Eine fünf Kilogramm schwere Holzkugel (so viel wiegt der menschliche Kopf) wurde immer wieder in verschiedenen Geschwindigkeiten gegen das Armaturenbrett geschlagen. Weiter ging es mit einem Schleudersitz – Sitz, Armaturenbrett und Lenkung –, der, auf einem Schlitten montiert, gegen eine Wand gefahren wurde. Hier wurde die Wirkung des Aufpralls auf den ganzen Körper getestet, die Beschleunigungswerte von Brust und Kopf gemessen. Armaturenbrett, Lenkrad und Vorrichtungen für Gurte wurden davon abgeleitet. Es folgten dann Aufprall- und Überschlagversuche. Daß man bei Daimler-Benz mit all dem Neuland betrat, belegt eine Ausführung in dem erwähnten Vortrag von Karl Wilfert: „Wir waren sehr erstaunt festzustellen, daß man bei einem Aufprall auf eine feste Wand bei nur etwa 50 Stundenkilometern nach den Messungen zu schließen mit schwersten Verletzungen, wenn nicht mit dem Tode rechnen muß...“ Forschungen der achtziger Jahre ermittelten, daß schon ein Aufprall mit 20 Stundenkilometern auf ein festes Hindernis tödlich sein kann. Wilfert erwähnte in diesem Vortrag übrigens einen Mitarbeiter, der später eine ihm ähnliche Karriere machen sollte: Dr. Ernst Fiala, in den achtziger Jahren bis Herbst 1988 Vorstandsmitglied bei Volkswagen und dort verantwortlich für den Bereich Entwicklung. In Wilferts Vortrag wurde er als mutiger Versuchsfahrer bei langsamen Crashversuchen geschildert und durfte dann Zeitlupenaufnahmen vorführen und kommentieren.

Wenn Béla Barényi, der heute zurückgezogen in der Nähe von Sindelfingen lebt, an jene Zeit zurückdenkt, kommen ihm gerade bei dem Namen Fiala positive Erinnerungen. Er war eben einer jener damals jungen Ingenieure, die seine Botschaft aufnahmen und weitertrugen.

Begonnen hatte alles ganz bescheiden. Als der Ingenieur Béla Barényi 1939 bei Daimler-Benz landete, einem von ihm immer schon favorisierten Arbeitgeber, wies man ihm auf dem Sindelfinger Werksgelände eine Baracke von neun mal zwölf Metern zu. Bei seiner Einstellung hatte er den gestrengen und allgewaltigen Generaldirektor Haspel davon überzeugt, daß in puncto Sicherheit viel geschehen müsse, auch bei Daimler-Benz. Barényi schaffte es, Haspels Vertrauen zu gewinnen, und stand fortan unter dessen besonderem Schutz. Die Konstruktionsabteilung blieb argwöhnisch dem Neuling gegenüber, der in der Baracke „spielte“. Barényi ging frisch ans Werk, erst allein, dann zusammen mit einem Zeichner. Im Frühjahr 1940 war die erste Arbeit beendet, eine grundlegende Arbeit, wie die Zukunft zeigen sollte. Ständiger Begleiter dieser Arbeiten war Karl Wilfert, ein Freund Barényis. Unter der Karosserie eines 170 V verbargen sich ein Fahrgestell mit Flankenschutz (einer erhöhten, harten Umrandung des Fahrgestells), ein extrem gestaltungsfester Sitzquerträger, Knautschzone im Heck und die dreigeteilte Lenksäule. Alles Punkte, die 40 Jahre später als Serienstandard der inneren Sicherheit bekannt waren, wenn sie auch immer noch nicht in jedem Fall angewendet wurden. Was dem Versuchsauto von 1940 gegenüber späteren Anforderungen noch fehlte, waren die vordere Knautschzone und der Überrollbügel. Insgesamt sechs Versuchswagen baute Barényi zusammen, erhalten geblieben ist keiner. Die Nummer eins ging nach dem Krieg in den Besitz des französischen Generals Koenig über, der Wagen ist nie wieder aufgetaucht.

1945 ging es – zunächst unverändert auf Sparflamme – gleich weiter. Beim „Terracruiser“ 1947 waren die Fahrgastzelle und eine moderne Lenkung mit Pralltopf verwirklicht. Es folgten Patente für den Flankenschutz und die Knautschzone, die Versuche nahmen konkrete Formen an. Die Abteilung wuchs (in den achtziger Jahren hatte sie es auf 1300 Köpfe gebracht), die Zeit wurde reif für die Serienfertigung.

Die 1959 vorgestellte Baureihe trug fast alle neu gewonnen Erkenntnisse in sich, lediglich die Lenkung hatte noch nicht den Pralltopf, sondern nur die Prallplatte. Der Flankenschutz – der alte X-Rahmen, auch ein Daimler-Benz-Patent, bot bekanntlich überhaupt keinen seitlichen Schutz – die Knautschzonen und damit die Fahrgastzelle und eine unter Sicherheitsaspekten überarbeitete Innenausttattung machten den Anfang der passiven Sicherheit in Serie. Béla Barényi, eine markante Figur unter den Ingenieuren und Erfindern in der Automobilbranche, ging 1973 in den Ruhestand. Bis dahin machte er neue Autos mit dem Stern sicherer; Mercedes-Fahrer und wohl auch die mancher Konkurrenzprodukte mit aktuellem Sicherheitsstandard werden es ihm gedankt haben. Erst durch die Möglichkeiten der Computer in den achtziger Jahren sind seit Barényi völlig neue Aspekte in die Sicherheitstechnik eingeflossen, etwa beim ABS, beim Air-Bag oder bei der Anti-Schlupf-Regelung.

Keine scharfen Kanten am gesamten Armaturenbrett, kein Instrumentenknopf steht hervor

Jubel und Kritik

Die Vorstellung einer völlig neuen Baureihe wird in jeder Automobilzeitschrift zelebriert. Daran hat sich nichts geändert, seitdem es diesen Lesestoff für das breite Publikum gibt. In den fünfziger und sechziger Jahren, erst recht in der Zeit vor 1939, hatten solche Präsentationen den gegenüber späteren Jahrgängen zusätzlichen Vorzug, daß der Leser den neuen Wagen tatsächlich noch nicht kannte. Mit der Flut der Fotos von Erl-Königen – zuerst gegen den Willen der Herstellerwerke, später gezielt von diesen gestreut – war der Reiz des Neuen weg. In den späten achtziger Jahren kam dann noch die Möglichkeit exakter Computerzeichnungen hinzu, die Fotos täuschend ähnlich sehen. Die S-Klasse der 90er-Jahre kam auf diese Weise schon Ende 1988 durch Zeichnungen von „auto, motor und sport" an die Öffentlichkeit. Dennoch ist es unverändert immer ein besonderes Heft, wenn grundlegend neue Autos ausführlich gezeigt und beschrieben werden. In aller Regel trägt zur Hochstimmung die durchgängig positive Beurteilung des Neuen bei. Das ist generell keine Hofberichterstattung, sondern ehrliche Meinung, denn was neu ist, gilt in der Regel als das Beste, und echte Mängel lassen sich bei einer Vorstellung noch nicht aufspüren. Da läßt sich auch der Redakteur gern von der Begeisterung der Pressereferenten anstecken.

In den fünfziger Jahren also wirkten solche Berichte noch intensiver auf den Leser als heute (wie auch die Berichtshefte zur Frankfurter Automobilausstellung noch echte Neuigkeiten beinhalteten). Da mußte es geradezu eine Sensation gewesen sein, wenn die „Motor Revue", jene exklusive und teure Vierteljahresschrift aus dem Motorverlag in Stuttgart, in ihrer Sommerausgabe 1959, also zum Termin der Werkspräsentation, eine

Abfertigung in Viererreihe: 220 S/SE und der alte 180 in der Endmonatge im Werk Sindelfingen

Reportage veröffentlichte, die über die Entwicklung des 220 im Detail und mit eigenen Fotos berichtete. Diese Form einer Produktvorstellung wurde bei anderen Zeitschriften erst viel später eingeführt.

„Eine Idee gewinnt Gestalt", hieß der Beitrag von Dipl. Ing. Dieter Korp, über 15 Seiten erstreckte er sich mit Farb- und Schwarz-Weiß-Fotos. Korp beginnt zur Einstimmung auf das feine Thema ganz grundsätzlich: „Faszinierend wie nur das Werden und Heranwachsen eines lebenden Wesens sein kann – und nüchtern, wie die gesetzmäßige Entwicklung eines technischen Erzeugnisses sein muß, zwischen diesen beiden Polen vollzieht sich die Entwicklung eines Automobils. Ein weiterer Akzent: Es ist ein Ereignis, das auf einer Bühne ohne Zuschauer abrollen muß, wenn die Vorbereitungen für eine erfolgreiche Karriere des Modells von Erfolg gekrönt sein sollen."

Von Professor Nallingers erster Skizze bis zum in harter Erprobung befindlichen Vorserienwagen beschreibt Korp den Werdegang des neuen Wagens. Es fällt dabei auf, daß er konkrete Zahlenangaben vermeidet, etwa zum Lastenheft oder den Entwicklungskosten. Hier hatte Daimler-Benz, so scheint es, sein Veto eingelegt. Korp bringt mit seiner detaillierten Schilderung die Probleme nahe, die sich vor einem Autokonstrukteur auftürmen: „... (Der Entwerfer) muß sich nach eigenen Intuitionen an die so subjektive Optik dieses (menschlichen) Auges herantasten. Denn das feine Nervenkabel, das die Bilder von der Netzhaut zu den Gehirnzellen leitet, läßt auch die ersten Regungen entstehen, die zum Kaufentschluß führen. Besonders die Formfindung der Front eines heranwachsenden Wagens gehörten zu den Dingen, die nicht nur den Künstler, sondern auch den Verkäufer angehen. Die Aufgabe besteht in diesem besonderen Fall darin, das charakteristische Kühlergesicht harmonisch mit dem Gesamtentwurf zu verschmelzen. Es wird niemanden wundern, daß dieses bedeutende Element nicht ohne heiße Diskussionen in allen Etagen des Hauses, zwar leicht variiert, aber doch rein formal, beibehalten wird. Das spezifische Daimler-Benz-Geschick, Tradition und Moderne zu vereinen, hat sich einmal mehr bewiesen."

Versuche im Labor – Daimler-Benz benutzte damals übrigens noch den Windkanal des Forschungsinstitutes für Kraftfahrwesen der Technischen Hochschule Stuttgart – und auf der Straße sind in packenden Bildern wiedergegeben. Professor Nallinger am Steuer, eine scharfe Linkskurve aus Fahrerperspektive oder eine Reihe abgestellter Vorserienwagen auf einer Landstraße in Süditalien, solche Bilder lassen die Entstehungsgeschichte des Autos miterleben und machen es dem Leser sympathisch. Effektvoller Abschluß des ganzen Berichts: der neue 220 in Zweifarbenlackierung, in Rot und mit beigem Dach: er ist fertig.

Die „Motor Rundschau" aus Frankfurt, seinerzeit das einzige ernsthafte Konkurrenzblatt von „auto, motor und sport" aus Stuttgart, pflegte einen betont technisch-sachlichen Stil. In Erscheinungsbild und Machart erinnern Exemplare dieser Zeitschrift an das spätere „mot" aus der Stuttgarter Motorpresse (das allerdings aus „Roller, Mobil und Kleinwagen" hervorgegangen war). Selbst bei einer Neuheit wie der des 220 weicht die „Motor-Rundschau" nicht von ihrer Linie ab und stellt unter anderem fest (Heft 17/1959): „Wir prüften den repräsentativen Gebrauchswagen von Mercedes in der ‚oberen Mittelklasse', den Typ 220. Wir übertreiben nicht, wenn wir nach sorgfältiger Prüfung Folgendes sagen:

- Es blieb der sichere, temperamentvolle, bequeme, in Form und Ausführung bewußt vornehm-traditionelle Wagen seiner Klasse.

- Es überzeugen neu eine noch progressivere Federung, eine noch festere Bodenhaftung (besonders hinten durch jetzt ‚gebändigte' Pendelachse), noch mehr Raum- und Sitzkomfort, sehr vernünftige Lösungen für die ‚innere Sicherheit'.

Und immer weniger Wünsche bleiben offen. Sie gehen in Richtung noch mehr Sicherheitspolster in der hier ausgegklügelten Form. In Richtung ‚Idealfederung' für jedes Tempo und jede Straße. Vielleicht wird die Lösung einmal eine Luftfederung bringen, die aber heute noch nicht allen Wünschen genügt. – Und schließlich noch ‚anatomischer' gestaltete Sitze, die sich den leider sehr unterschiedlichen Figuren der Menschen anpassen lassen.

Oder anders gesagt: Die Entwicklung bei den neuen Sechszylinder-Modellen von Mercedes-Benz setzte genau richtig an und brachte die Wagen wieder einen guten Schritt voran, ohne die Linie zu verlassen, denn, so meinen seine Schöpfer, auch der Stil des neuen

Diesel und Automatik halten etwas aus. Dieser 200 wurde sogar zum Millionär

Mercedes Benz

Das bewährte Programm:
Vierzylinder-Typen 180, 180 D, 190, 190 D
Sechszylinder-Typen neu 220, 220 S, 220 SE
und dazu:
220 SE Cabriolet-Coupé, 300 Automatik
Sport: 190 SL, 300 SL

Vierzylinder-Typen

1,9 Liter Reihenmotor
obenliegende Nockenwelle
Viertakt/wassergekühlt
Viergang Vollsynchron
mittragende Karosserie
Einzelradfederung, Schraubenfedern, Fünfsitzer, Standfläche 450/174 cm

	180	180 D	190	190 D
PS	68	43	80	50
Gewicht fahrfertig kg:	1165	1210	1200	1210
Fahrleistung km/h (Werk u. Test):	135	110	145	120
0/80 km/h = sec Test:	—	22,5	—	18,5
Preis ab DM	8700	9200	9450	9950

Sechszylinder-Typen

2,2 Liter Reihenmotor
obenliegende Nockenwelle
Viertakt/wassergekühlt
Viergang Vollsynchron
mittragende Karosserie
Einzelradfederung, Schraubenfedern, Fünf/Sechsitzer, Standfläche 487/179 cm.

	220	220 S	220 SE
PS	95	110	120
Gewicht fahrfertig kg:	1320	1330	1350
Fahrleistung km/h (Test u. Werk):	160	165	170
0/80 km/h = sec Test:	10	—	—
Preis ab DM	11 500	13 250	14 950

Weitere Preise:

190 SL	ab 16 500,– DM
300 SL	ab 32 500,– DM
220 SE (Cabriolet/Coupé)	ab 23 200,– DM
300 Automatik	ab 28 500,– DM

Die Sindelfinger Karosserie war schon immer ein Begriff für Güte, ausgeklügelte Dimensionierung und Raumgestaltung. Hier der Blick in einen neuen Sechszylindertyp mit vier voll ausgeformten Sitzen, dazu im Fond ein Mittelsitzplatz und vorn ein dritter Platz durch ein zwischen die Sitze gelegtes Polster (auf Wunsch auch vorn durchgehende Sitzbank).

Das Programm der Daimler-Benz AG erscheint zunächst, im Zeitalter der Rationalisierung, zu groß und etwas verwirrend. Dabei ist seit Jahr und Tag mit viel Geschick durch ein „Baukasten-System" die Produktion so vereinfacht, daß man bei ganz moderner, rationeller Fertigung eben dieses große Typenprogramm anbieten kann. Das Prinzip ist am besten am neuen Sechszylinder-Modell erklärt: Es handelt sich ausschließlich um einen Karosserie-Grundkörper, gleichgültig ob der Motor 220, 220 S oder 220 SE eingebaut wird. Weitere Unterschiede werden ferner durch Details in der Karosserieausstattung erreicht.
Ähnlich steht es mit der Gruppe der Vierzylinder-Modelle, während die vier **Sonder-Typen** 220 SE Cabriolet/Coupé, 300 Automatik, 190 SL und 300 SL zum Teil aus diesem System herausfallen, dafür sind das auch besondere Wagen kleinerer Stückzahl, die entsprechend hoch bezahlt werden.

Die Gruppe der Vierzylinder

beginnt mit dem altbekannten **180**, einem repräsentativen Wagen und doch in Anschaffung und den laufenden Kosten nicht zu teuer, deshalb die Beliebtheit dieses Mercedes-Benz-Modells unter 9000,— DM. Über 80 000 vom Typ 180 liefen in alle Welt. — Mit dem Dieselmotor als **180 D** ist der Wagen in der Anschaffung zwar teurer, dafür fährt man aber mit ihm jahraus, jahrein mit nur etwa 7 Liter je 100 km, und dabei handelt es sich noch um den billigeren Dieselkraftstoff. Dieser Wagen wurde durch die Ausführung **190 D** für ein Diesel-Personenauto sogar beachtlich temperamentvoll. Bis heute wurden über 140 000 Diesel-Personenwagen gebaut. — Der **190** Vergaser rundet das Programm ab. Er unterscheidet sich vom 180 im wesentlich durch einen um 17% stärkeren Motor.

Die Gruppe der Sechszylinder-Wagen

steht heute im Vordergrund, denn hier hat es Mercedes-Benz verstanden, ohne den erfolgreichen Weg der Tradition zu verlassen, wiederum einen neuen europäischen Standard in der „oberen Mittelklasse" zu schaffen.

Diese Sechszylinder-Wagen besitzen alle die gleichen ausgeklügelten und anerkannten Karosserie-Innenmaße etwa wie der bisherige 200 S. „Drum herum" wurde aber ein völlig neuer, etwas niedriger liegender Karosserie-Körper geschaffen. Er bildet die Grundlage für die drei „neuen" Typen 220, 220 S und den 220 SE mit Hochleistungs-Einspritzmotor. Je zwei Leistungsdaten weisen deutlich auf die Leistungsunterschiede:

- **220** = 95 PS bei 4800 U/min
  17,2 mkg bei 3200 U/min
- **220 S** = 110 PS bei 5000 U/min
  17,5 mkg bei 3500 U/min
- **220 SE** = 120 PS bei 4800 U/min
  19,3 mkg bei 3900 U/min

Die Rahmen-Boden-Anlage dieser **Karosserie** wurde neu gestaltet und noch steifer durch eine Verstärkung der äußeren Seitenträger. Damit ist der Gesamtkörper noch unfallsicherer. Bei der Kofferraumausführung bemühte man sich nicht nur um einen wesentlich größeren Inhalt, sondern eine Form, in der möglichst viel normale Koffer gut untergebracht werden können. Bei der Motorhaube galt es, durch Absenkung die Vordersicht zu verbessern und durch die neue Form nach dem Öffnen den Motorraum möglichst freizulegen. Der Dachaufsatz wurde so flach gehalten, damit auch im Fond eine große Kopffreiheit erreicht wird. Alle Pfosten sind zwar sehr steif, aber durch Lage und Ausführung im Blickbereich schmal. So erreicht man das weite Blickfeld und nicht allein durch die Größe der Fensterfläche.
Das alles sind schon Dinge, die Komfort und Sicherheit dienen. Und dazu hat man nun end-

Die **Vier- und Sechszylinder-Motoren** von Mercedes-Benz haben obenliegende Nockenwellen. Im Bild der Motor aus dem neuen 220 S. Die Leistungen der Motoren für Vergaser-Kraftstoff:

	180	190	220	220 S	220 SE
PS (DIN)	68	80	95	110	120
HP (SAE)	78	90	105	124	134

630 MOTOR-RUNDSCHAU 18/1959

Neuheitenparade in der „Motor Rundschau" vom 25. September 1959: Die Mercedes-Modelle waren wieder einmal eine Attraktion

ich begonnnen, richtig zu polstern! Die neuen Sicherheitspolster schützen nicht nur herumspielende Kinder gegen Verletzungen, sondern sind so ausgeführt, dimensioniert und im Polstermaterial ausgewählt, daß sie auch bei Unfällen wirklich nützen und die Insassen gegen Hebel und Knöpfe abschirmen. Aus Sicherheitsgründen wurde auch weitgehend elastisches Material etwa für die Seitenarmlehnen, die griffbequemen Handgriffe, die Fensterkurbel usw. verwendet. Etwas Neues ist die den Brustkorb des Fahrers schützende Polsterplatte auf dem Lenkrad.

Wie weitgehend die Sechszylinder-Modelle in allen Aggregaten neu ausgelegt wurden, zeigt auch die **Federung vorn** mit sehr hohen, breit gestellten und sehr schnell ansprechenden Stoßdämpfern. Die bekannte Eingelenk-**Pendelachse hinten** besitzt bei allen Sechszylinder-Wagen eine Stützfeder (Ausgleichfeder), die das Pendeln in Grenzen hält und dämpft.

Zur weiteren Erhöhung der **Straßenhaftung** entwickelte die Reifenindustrie neue Reifen mit noch rutschfesteren Gummimischungen und ganz neuen Profilen, ebenfalls zur Verbesserung der Haftung und zur erfolgreichen „Bekämpfung" der Längsrillen der Straßendecken. Für die schnellsten Wagen werden Reifen mit Nylongewebe verwendet, bei denen auch bei sehr hohen Umlaufgeschwindigkeiten die Protektoren sicher halten.

„Tradition und Fortschritt", das dürfte die einfachste Kennzeichnung besonders der neuen Sechszylinder-Modelle sein, und noch ein paar **Finessen:**

- Vorderradbremse mit Turbokühlung.
- Auf Wunsch „ATE"-Bremsverstärker.
- Kein Mercedes-Benz-Wagen mehr ohne Lichthupe!
- Gegen Aufpreis Stahl-Schiebedach.
- Auch die hydraulisch-automatische Kupplung ist natürlich zu haben.

▲ **Die ganz neue Linie** der Mercedes-Benz-Sechszylinder-Wagen der „oberen Mittelklasse". – Nicht modisch, wie das der für die Technik verantwortliche Daimler-Benz-Chef Prof. Dr. Nallinger betonte, sondern „nach unseren Entwicklungsgrundsätzen muß sich der Karosserie-Stil stets der technischen Funktion unterordnen und nicht umgekehrt, so daß unsere neuen Karosserien in erster Linie die neuen technischen Möglichkeiten zeigen und stets eindeutig als in der typischen Entwicklungslinie unseres Hauses liegend zu erkennen sind."

Das **Vierzylinder-Programm** zeigt die bekannten Modelle, aber nun auch mit dem gedrungenen, niedrigen „Kühlergesicht". — **Leistungssteigerung** nur bei den Vergaser-Motoren, 180 um 3 und 190 um 5 PS. Wichtiger aber: 0/100 km/h in 19,6 anstatt 21,3 bisher bzw. 16,8 anstatt 19,8 sec. (Werkangaben). ▶

Bei der ganz neu ausgelegten 220/220 S/220 SE-**Vorderradaufhängung** stehen die Stoßdämpfer sehr weit außen, so daß sie bei kleinsten Radschwingungen ansprechen.

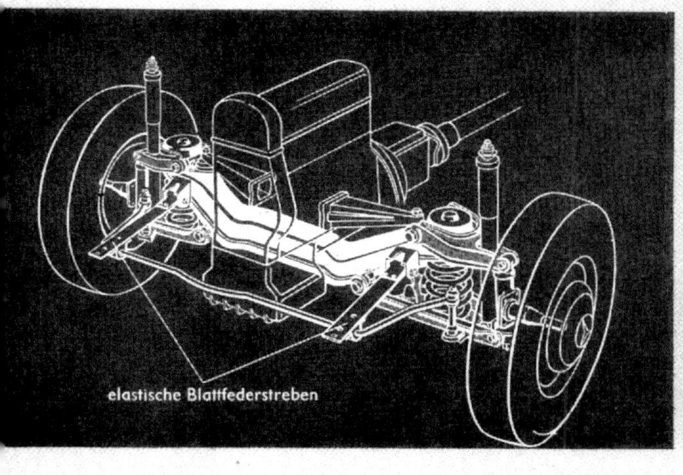

und **hinten** die bewährte **Eingelenk-Pendelachse,** bei den Sechszylinder-Modellen jetzt mit Ausgleichsfeder zwischen den pendelnden Achshälften. Sie begrenzt ein allzu starkes und übertriebenes „Abknicken" der Pendelachse. Also eine gedämpfte Pendelachse, die auch die Vorteile der Starrachse mit enthält.

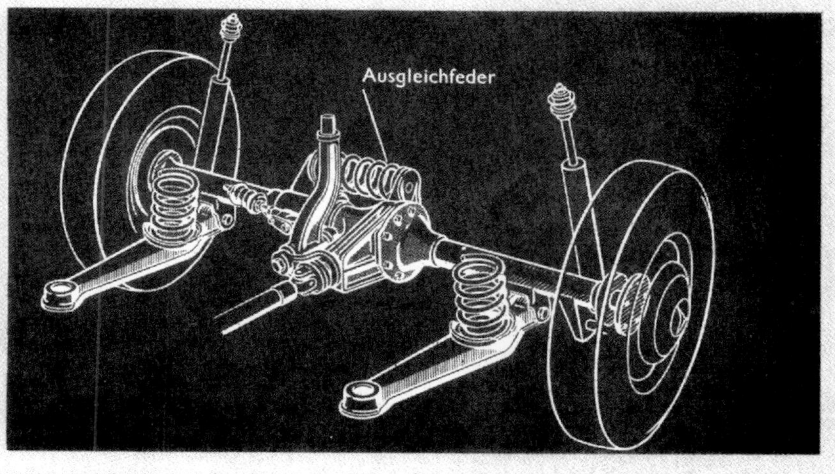

Wagens reiht sich in die lange Kette der Wagen, die über 70 Jahre das Werk verlassen haben: So hat der neue ‚220' die gleiche Konzeption wie bisher, aber in einer neuen Form und einer ‚zukunfsträchtigen' Ausführung. Damit wird dieser neue ‚220' ein neues Wertmaß für den repräsentativen Fünf/Sechssitzer, und dieser Wagen wird zweifellos in allen Kontinenten seinen Weg machen."

Gebremste Begeisterung also, aber ehrliche Anerkennung des Hauptschriftleiters Joachim Fischer. Durchweg positiv fällt auch die Einzelbewertung des Testers aus, ein paar Wünsche bleiben dennoch, wie es sich für eine kritische, unabhängige Zeitschrift gehört, wenn es um eigene Testarbeit geht: Unter der Überschrift „Unsere Wünsche" schreibt Fischer telegrammartig in Stichworten: „Gerade das ganz Besondere an diesem Wagen führt auch zu besonders hohen Ansprüchen: Griffgeformte Lenkradspeichen. Die so gut gepolsterten Vordersitze noch ‚anatomischer' und für die unterschiedlichen Figuren einstellbar gestaltet und mit etwas längeren Sitzflächen. – Noch mehr Ablagen und Behälter etwa unter dem Armaturenbrett. – Bei dem Kombiinstrument sollten alle Skalen und Anzeigen, zugunsten des neuen Signaltachos, etwas ‚zurücktreten'. – Abdekkung des Reserverades gegen das Gepäck durch dünne Platte. – Volles Abfangen auch noch der kurzen kleinen Stöße schneller Folge. Schaltung noch spielender." Steigerungen waren also noch denkbar für den Tester, obgleich er seine Zufriedenheit gerade mit den geforderten Steigerungen der schon guten Dinge am 220 ausdrückt. Daß sich der Signaltacho in der Praxis nicht bewähren würde, ahnte auch der strenge Hauptschriftleiter damals nicht.

Bei den Meßergebnissen unterschied die Redaktion übrigens zwischen dem Verbrauch bei verschiedenen Geschwindigkeitsbereichen (8,6 Liter auf 100 Kilometer bei 90, 11,3 Liter bei 120, 19 Liter bei Vollgas) und einem „Reiseverbrauch". Diese Angabe bleibt aber mit „je nach Belastung zwischen 10 und 15 Liter" diffus. Als Höchstgeschwindigkeit ermittelten die Frankfurter 160 Kilometer in der Stunde (Prospekt: 155), als Beschleunigung von 0 auf 100 14,5 Sekunden.

Unter „Kurz und bündig" faßt der Tester schließlich zusammen: „Ein repräsentativer, besonders bequemer Reisewagen eigener Note, ein großräumiger Fünfsitzer, sparsam und dabei mit dem Schwung eines Sportwagens. Traditionell in Form und Ausführung und doch, gerade auch in der Detailgestaltung, den letzten Forschungen entsprechend."

Das mußte einfach ein Erfolg werden.

„‚Schlager und Traumwagen", unter dieser Überschrift bringt „auto, motor u. sport" in Heft 18/61 die Neuigkeiten von Daimler-Benz unters Volk. Der 190 ist da und der 300 SE. Es ist ein erster Fahrbericht, durch die Zeilen schimmert deutlich der noch frische, positive Einfluß der Präsentationsveranstaltung. Bestes Beispiel: das automatische Getriebe des 300 SE, in einem späteren Test Gegenstand ausführlicher Kritik (siehe unten), wird hier in höchsten Tönen gelobt. Auch Aussagen zum 190 scheinen eher dem Pressetext zu entstammen als eigener Einsicht: „Von der Windschutzscheibe bis zum Heck ist der 190 ein 220, aber trotzdem ist er ein neues Auto." Locker über den leichten Widerspruch hinweggehend, trifft die Zeitschrift dann eine richtige Vorhersage: „... Wir trauen ihm zu, daß er ein ‚Schlager' wird. War der 190 bisher ein teurerer und schnellerer 180, so ist er nun ein zwar vierzylindriger, aber auch leichterer und wendigerer 220 mit gleich hervorragenden Fahreigenschaften. Die 15 Zentimeter Wagenlänge, die ihm gegenüber den Sechszylindern abgehen, ohne auch nur das geringste Quentchen Innenraum zu kosten, verbessern die Manövrierfähigkeit deutlich, und das geringere Gewicht auf die Vorderachse macht die Lenkung leichtgängiger. Fazit: der 190 ist handlicher als die Sechszylinder, er verlangt weniger Lenkarbeit.

Die fehlenden Zentimeter und die Kilogramm und die fehlenden zwei Zylinder bedeuten also nicht unbedingt: ‚für einen 220 hat es nicht gereicht', sondern sie bedeuten einen Gewinn an Handlichkeit, der durchaus die Frage rechtfertigt, ob der 190 nicht selbst dann vorzuziehen ist, wenn es für einen Sechszylinder reichen würde." Verkaufsleiter und Pressechef lassen grüßen ...

Schon eher nachzuvollziehen ist dagegen die Begeisterung über den 300 SE bei dieser Vorstellung: „Der 300 SE ist ein Superlativ in technischer, nicht in repräsentativer Hinsicht. Man kann ihn zum alten 300 weniger in Beziehung setzen als zum 220 SE. Er ist ein Traum-SE, der alles bekam, was zum (220) SE-Preis nicht zu machen ist."

Der Test

Im Mittelpunkt eines ausführlichen Tests des 300 SE bei „auto, motor und sport", Heft 14/62, steht nicht das allgemeine Loblied auf das Spitzenprodukt aus Schwaben – obwohl auch das nicht zu kurz kommt –, sondern gewisse Schwierigkeiten mit dem automatischen Getriebe. Erst ein dreiviertel Jahr später, im März 1963, gab es ein Viergang-Schaltgetriebe als Alternative. Tester Reinhard Seiffert bemängelt in seiner ausführlichen Untersuchung, daß Motor und Getriebe nicht zueinander passen. „Das Getriebe macht einen ausgereiften, perfekt zuverlässigen Eindruck und tut alles, was von ihm zu erwarten ist. Die Schwierigkeit liegt vielmehr darin, eine optimale Abstimmung des in weiten Grenzen einstellbaren Schaltsystems auf die Eigenschaften des Motors zu finden... Der neue Dreilitermotor ist zwar stark genug, um dem Wagen ein hervorragendes Beschleunigungsvermögen zu geben, aber er ist als enger Verwandter der übrigen hochdrehenden DB-Sechszylinder nicht elastisch genug, um ein fahrerisch voll befriedigendes Arbeiten der Automatik zu ermöglichen." Nach ausführlicher Schilderung der Malesse ruckartiger Beschleunigung oder plötzlichen Zurückschaltens durch den Automat gerät Seiffert ins Träumen: „Wir würden, wenn es angeboten würde, ein handgeschaltetes Vierganggetriebe vorziehen, zusätzlich vielleicht einen V. Gang als Schnellgang zur Reduzierung der Drehzahl. Damit wäre der im Grunde sportlichen Charakteristik mehr Gerechtigkeit widerfahren als mit der Automatik. Der Motor ist nämlich – für sich betrachtet – ohne Zweifel eine ebenso gute Leistung wie die übrigen technischen Merkmale des 220 SE, und er bietet ein Plus an Leistung und Durchzugsvermögen, das sich viele 220 SE-Fahrer wünschen. Zur Frage der Höchstgeschwindigkeit: mit den serienmäßigen Reifen sollten 175 km/h nicht überschritten werden. Das Reifenproblem ist in der Hauptsache dafür entscheidend gewesen, daß die Motorleistung nicht noch höher gebracht wurde und daß die von Daimler-Benz vor einiger Zeit angekündigte 200 km/h-Version bisher nicht erschien. Ein ‚schneller' 300 SE mit stärkerem Motor und Schaltgetriebe könnte natürlich angesichts der hervorragenden Eigenschaften von Luftfederung und Servolenkung ein Traumwagen für sportliche Leute werden."

Im Januar 1964 sollte der Wunsch des Testers tatsächlich erfüllt werden: Der 300 SE erhielt zehn PS mehr, und mit den 170 Pferdestärken, Schaltgetriebe (ohne fünften Gang) und der optimalen Hinterachsübersetzung schaffte der Wagen tatsächlich die 200-er-Marke.

Zum letzten Mal Neues von der Heckflosse kann „auto, motor und sport" in Heft 24/65 seinen Lesern bieten. Aus dem 190 war der 200 geworden, der Sechszylinder saß nun auch in der kleineren Karosserie des 190 und machte aus ihm den 230, und der 230 S trug die klassische Form dieser Baureihe noch eine Weile über die Zeit (bis 1968). Mehr als sechs Jahre nach Erscheinen wirkt die Karosserie nun doch ein wenig alt, immerhin ist der 250 zu diesem Zeitpunkt schon über ein Jahr auf dem Markt. Auch Tester Reinhard Seiffert sieht Punkte, an denen die Linie des Wagens nicht mehr aktuell ist : „Veraltet ist sie (die Karosserie) aber nur, weil sie nun schon fünf Jahre gebaut wird, funktionell kann man ihr kaum Nachteile bescheinigen. Die Gürtellinie ist etwas höher als heute üblich, und die Andeutung der heute aus der Mode gekommenen Heckflossen wurde von Daimler-Benz seit jeher als ‚Peilkante' deklariert und erleichtert tatsächlich den Überblick beim Rückwärtsfahren."

Da war tatsächlich von der Heckflosse die Rede; zu Hochzeiten des Autos wurde dieser Ausdruck in der Fachpresse kaum verwendet. Der Tester macht ein paar Absätze weiter, bei der Behandlung des 230 S, ganz deutlich, was er vom „alten" Mercedes hält: „Man muß sich also, ehe man den 230 S als Zwischentyp abtut, darüber klar sein, daß es sich hier um ein Auto der Spitzenklasse handelt, das im Grunde in keinem Punkt veraltet ist. Noch mehr als bei den billigeren Typen zeigt sich hier die Problematik der Karosseriemode: Es wäre, sach-

Verladebereit steht der neue 220 SE inmitten der „kleinen Brüder". Ein letzter Check, und es kann weitergehen

lich gesehen, nicht notwendig gewesen, für dieses Auto ein neues Kleid zu schneidern. Aber die Marktsituation, durch die neuen großen Opel-Modelle besonders verschärft, verlangte es, und Daimler-Benz tat es."

Gelobt werden in dem Test verbesserte Sitze – früher häufig einer der wenigen Kritikpunkte, kritisiert wird jetzt die Unübersichtlichkeit des Tachometers (was bis dahin kaum einem Kritiker aufgefallen war).

Automobilreport

Das Instrument der repräsentativen Meinungsumfrage wurde in jenen Jahren salonfähig in der Bundesrepublik Deutschland. Das Institut für Demoskopie in Allensbach am Bodensee mit Frau Nölle-Neumann an der Spitze erarbeitete sich einen respektablen Bekanntheitsgrad im Lande. Immer mehr modern denkende Menschen, die etwas genau wissen (oder besonders gut verkaufen) wollten, vertrauten der frisch erprobten neuen Wissenschaft und ließen eine Umfrage durchführen.

Diesem Hauch modernen Denkens wollte sich auch die renommierte Zeitschrift „auto, motor und sport" nicht entziehen, sie erfand den Automobil-Report. Allensbach befragte in ihrem Auftrag 98 repräsentativ ausgesuchte Besitzer eines bestimmten Autotyps nach ihren Erfahrungen. Diese Aktion der Zeitschrift wurde seinerzeit sehr beachtet, wenngleich sie sich nicht lange gehalten hat. Als solche Umfragen in allen Lebensbereichen alltäglich wurden (und oft genug auch zu falschen Vorhersagen führten), hatten sie den Ruf der Fortschrittlichkeit abgelegt und waren deshalb auch bald für eine technikorientierte Publikumszeitschrift uninteressant. In Form von Lesererfahrungen ist dieses Element auch heute noch bei Autozeitschriften vertreten, repräsentativ sind diese meist nicht, geben aber immer noch ein Stimmungsbild ab und räumen dem Verbraucher eine kleine Möglichkeit der Mitbestimmung am Gesamtbild des Testberichts ein. Negative Urteile sind in diesem Zusammenhang um so höher zu bewerten, als jemand schon sehr verärgert sein muß über das Produkt, wenn er sich zum Schreiben entschließt und zugibt, eine falsche Wahl getroffen zu haben. Insofern war der gute alte Automobil-Report von „auto, motor und sport" umfassender und verläßlicher als die heute übliche Einbindung des Lesers in die Arbeit der Zeitschrift.

Der Mercedes 190 war in Heft 10/65 an der Reihe im Report. Zusammen brachten die Fahrzeuge der Befragten 3,3 Millionen Kilometer an Erfahrung ein, im Schnitt pro Auto 33 334 in den ersten 18 Monaten nach der Zulassung. Der Report fällt, wie man es nicht anders erwartet bei einem Mercedes, positiv aus. Er zeigt aber auch, daß eine kritische Autozeitschrift auf diesem Wege (deutlicher als bei einem immer doch auch subjektiven Test) gewisse Mängel ermitteln kann. Im Bereich Motor/Kraftübertragung gab es immerhin bei acht Prozent Schäden am Motor, 21 Prozent hatten Ärger mit der Zündung. In der Rubrik Karosserie/Fahrwerk fällt die hohe Zahl von 28 Prozent der Wagen auf, die gelegentlich Klappergeräusche von sich gaben, 13 Prozent sogar ständig. Ein Wert, den man bei einem Mercedes, der zudem schon vier Jahre in Produktion ist, nicht erwartet (und auch damals nicht erwartet hat). Mangelhaften Lack stellten 23 Prozent der befragten Mercedesbesitzer an ihrem Fahrzeug fest.

◄ Lust auf Urlaub: was kann es Schöneres geben, als mit dem 220 SE Cabriolet ans Mittelmeer zu rollen?

Vergleichende Zahlen des Autors Klaus Kulkies aus anderen Automobil-Reports rücken solche Werte allerdings zurecht, denn generell liegt der 190 an der unteren Grenze der registrierten Mängelmarken. Man legt eben doch Wert auf Qualität, meint der Autor und nennt dazu Folgendes als Beleg: „Einkäufer anderer Automobilfabriken sollten sich getrost einmal mit ihren Kollegen bei Daimler-Benz über Scheinwerfer, Rückleuchten, Bremsleuchten und Richtungsblinker unterhalten. Vielleicht erfahren sie dann, warum das alles beim 190 so gut funktioniert. Denn hier handelt es sich um Produkte von Zulieferfirmen und nicht um Teile, die von Daimler-Benz selbst hergestellt werden. Da die gesamte Elektrik unserer Autos aus denselben Zuliefertöpfen kommt, ist nicht recht einzusehen, warum es nur an vier Prozent der beobachteten Mercedes 190 (aber an 39 Prozent der Ford 12 M) defekte Scheinwerfer gab. Woran es auch immer liegen mag: Lampen im Mercedes 190 – ganz gleich ob vorn oder hinten – brennen nun einmal besser."

Die elektrische Anlage kommt also mit ganz niedrigen Werten weg. Erstaunlich eine Zahl und ihre Bewertung durch die Zeitschrift aus dem Bereich „Allgemeine Zuverlässigkeit": 43 Prozent aller 190-Fahrer mußten in den ersten 18 Monaten außerhalb der Inspektionen in die Werkstatt, und dieser Wert stellt sich im Vergleich zu anderen als ausgesprochen günstig dar! Nicht zufriedenstellend gelöst waren zu jener Zeit offensichtlich auch die Beheizung und Belüftung der Autos, denn 14 Prozent hielten die Wagenheizung für nicht ausreichend, bei 13 Prozent taute die Windschutzscheibe nicht auf, unvorstellbare Werte bei einem Mercedes der achtziger Jahre, 1965 aber Spitze. 17 Prozent der Werkstattkunden erhielten seinerzeit vom Meister die Auskunft, der eine oder andere Mangel sei nicht zu beheben, man müsse sich daran gewöhnen. Auch das ist nach dem Automobil-Report eine guter zeitgenössischer Wert.

Die Automobilwerke werden den Automobil-Report von „auto, motor und sport" sicherlich mit Argusaugen beobachtet haben und mit großer Sorge auf die Ergebnisse der letzten Frage gewartet haben, dargestellt in dem berühmten Kuchen mit seinen verschieden großen Stücken: Wie zufrieden ist der Besitzer des Wagens mit dem Produkt des Hauses? Beim 190 dürfte die Erleich-

Ein Foto für die Presse: mit solch prächtigen Aufnahmen wurde (und wird bis heute) den Redaktionen die Arbeit abgenommen und das Auto verbreitet, hier das 220 Cabrio

terung in Untertürkheim groß gewesen sein, denn 57 Prozent waren hundertprozentig zufrieden, 38 Prozent im großen und ganzen zufrieden und nur 5 Prozent nicht ganz zufrieden. Vorher wurde auch etwas über die Fahrer berichtet: 54 Prozent der 190-Fahrer hatten große Freude am Autofahren, 23 fuhren, weil es sein mußte. 29 Prozent antwortete auf eine andere Frage, daß sie den Wagen gern voll ausfahren, zehn Prozent, daß sie eigentlich nie sehr schnell führen.

Ein Höhepunkt der Automobil-Reports war die vergleichende Beobachtung von vier Wagen der hohen Preisklasse, nämlich des BMW 1800, des Opel Kapitän/Admiral, des Mercedes 190 D und des 220 S. 11 100 DM kostete der Diesel, 13 750 der 220 S, der übrigens, als der Report erschien, schon ein auslaufendes Modell war und durch den 230 S ersetzt wurde. Im Beobachtungszeitraum war er freilich noch aktuell. Die Preise der beiden anderen Teilnehmer: 11 990 der Kapitän beziehungsweise 12 200 DM der Admiral und 9985 der BMW 1800. Von der Charakteristik paßt der 190 D übrhaupt nicht in diese Reihe, es ging der Redaktion wohl allein um die Preisklasse und dabei auch um das Abschneiden dieser Wagen im Vergleich zu denen aus niedrigen Preisklassen.

Die Mercedes-Verkaufsstrategen wird es zunächst beruhigt haben, daß in den ersten Absätzen des drei Folgen umfassenden Vergleichs zwar von hohen Mängelraten, aber nicht von den Mercedes die Rede war. Der Opel mit Kupplung und Getriebe und besonders der BMW mit seinen Auspuffschäden gerieten in die Zielscheibe der Kritik. Mercedes mußte sich dann hausinterne Vergleiche gefallen lassen, nämlich den zwischen dem 190 D und dem 190. Der Report kommt zu dem Schluß, daß der 190 das bessere Gebrauchsauto ist. Der Diesel hatte nämlich mehr Schäden am Motor als der Benziner (15 Prozent gegenüber 8), ebenso am Differential. Seltsamerweise ermittelten die Befrager für den Diesel auch in anderen Bereichen schlechtere Werte, so bei den im ein Jahr zuvor zum 190 erschienenen Report so gelobten Scheinwerfern. Man sieht, auch beim verwissenschaftlichten Test spielt der Zufall eine Rolle. Tücke des Objekts...

„Klappern teure Autos weniger", fragt das Blatt im zweiten Teil und antwortet mit nein. Als Vorbild werden aus der Kategorie der Kleinen der NSU 1000 und der VW Käfer hingestellt. Gelegentliches Klappern kommt beim 190 D immerhin in 26 Prozent der Fälle vor, beim 220 S sind es 23 Prozent. Unter „Dauerndes Klappern" sind

Solidität in Großaufnahme: der 230 macht einen stattlichen Eindruck

beim 190 D 9 (beim 190 ein Jahr zuvor waren es noch 13) und beim 220 S 11 Prozent eingetragen. Jeder vierte 190 D und zwölf Prozent beim 220 S wurden mit „mangelhaftem Lack" ermittelt. Das klingt hoch, war aber im vergleichenden Report wenig: je 35 Prozent schlugen bei BMW und Opel zu Buche!

Noch einmal der Vergleich 190 D und 190: in Ausstattung und bei der elektrischen Anlage wird der 190 D wesentlich negativer von den Fahrern beurteilt als der 190 und erhält 246 Minuspunkte gegenüber den 168 Punkten des 190 ein Jahr zuvor. Wurde bei Mercedes wirklich so unterschiedlich gearbeitet, oder zeigen sich auch hier die Grenzen der allumfassenden Meinungsumfragen?

Die Wertung „Allgemeine Zuverlässigkeit" und die abschließende Beurteilung waren Höhepunkt und Abschluß des umfangreichen Vergleichs in „auto, motor und sport". Mit 48 und 44 von hundert Wagen mußten 190 D und 220 S noch relativ selten außerhalb der Inspektionen zur Werkstatt (BMW 66, Opel 56), der 190 D blieb mit 2 Wagen am seltensten „häufiger liegen", bei den anderen waren es 5 und 6. BMW ist der große Verlierer des Vergleichs (zum Beispiel: bei 20 Prozent der Wagen gab es Schwierigkeiten in der Ersatzteilbeschaffung), und da die Zeitschrift für besonders wichtige Bereiche die Punktzahl verdoppelte (nur in den vergleichenden Reports), bildete der schnelle Bayer mit 878 Minuspunkten das Schlußlicht. Es wird die Presseabteilung in Untertürkheim gefreut haben, daß auch der vorletzte Platz in der Vierergruppe nicht dem Stern angeheftet wurde (775 Punkte für die Opel). Zweiter wurde der 190 D mit 613 Minuspunkten, Sieger der 220 S mit 574, exakt 304 weniger als der BMW. Noch wichtiger aber dürfte der Vorsprung vor dem Opel gewesen sein; einmal mehr war deutlich geworden, daß der Mercedes-Limousine kein Opel das Wasser reichen konnte, auch kein relativ neuer, moderner Wagen einem schon im sechsten Jahr produzierten Modell. Mit dem 190 D waren 56 Prozent der Fahrer (und sicher auch ein paar Fahrerinnen) hundertprozentig zufrieden, mit dem 220 S 54 Prozent (trotz des besseren Abschneidens nach Minuspunkten, hier spielen wohl die höheren Ansprüche gegenüber dem teureren Fahrzeug eine Rolle), mit dem BMW waren es immerhin 47 Prozent (die gesamte Baureihe war von Anfang an sehr beliebt) und mit dem Opel nur 38 Prozent.

Ein ähnliches Projekt wie den Automobil-Report setzte der Verlag Delius und Klasing mit seiner Reihe „Wir fragten 1000 Fahrer" in die Tat um. In Heft Nr. 31 behandelt die Reihe den Mercedes 190 c einschließlich der Dieselversion. Auch diesen Erfahrungsbericht brauchte die Daimler-Benz-Presseabteilung nicht zu fürchten, er fällt, trotz einzelner Negativpunkte, überwältigend positiv aus. Nur 0,7 Prozent gaben an, sich den Wagen nicht wieder kaufen zu wollen, 19,2 Prozent würden ihn sich vielleicht wieder kaufen und stolze 80,1 Prozent auf jeden Fall.

Während der Automobil-Report mehr auf tatsächlich aufgetretenen Schäden und Mängeln fußt und daraus seine Schlüsse zieht, wird bei der Aktion „Wir fragten 1000 Fahrer" in erster Linie nach der subjektiven Einschätzung des Fahrers gefragt. Deshalb geben die Ergebnisse weniger über den Wagen an sich Auskunft als über Kaufgründe und Ansehen des Wagens.

Zum Beispiel das Thema Straßenlage: 59,5 Prozent hielten sie für ganz ausgezeichnet (bei der zuvor durchgeführten Befragung zum 220 S waren es 60,2 Prozent), 36,7 für befriedigend, 2,8 für nur ausreichend und 0,7 für unbefriedigend (beim 220 S 1,7). Wie gut die Straßenlage nun wirklich war, läßt sich daran freilich nicht ablesen. Die Einsender der Fragebögen konnten auch Anmerkungen machen. Bei der Straßenlage ist mehrfach von der Einschränkung die Rede, daß der Wagen bei vollem Kofferraum schwimme. Die Redaktion vermutete dazu aber, daß es sich bei den Kritiken um Fälle von Überladung handele, was ja bei dem Volumen schnell passieren konnte. Ein weiteres Beispiel für (gewollte) subjektive Beurteilung: die Beschleunigung. Wenn 41,5 Prozent der Dieselfahrer die Werte für gut hielten, hieß das nicht mehr, als daß sie keine bessere Beschleunigung brauchten und daß sie, wie Anmerkungen zu entnehmen ist, gegenüber dem alten Modell besser geworden.

Kritisiert wurde die Größe des Tanks; immerhin 11,5 Prozent der Einsender halten sie für den Benziner für unbefriedigend, einleuchtenderweise ist dieser Wert bei den Diesel-Fahrern viel niedriger, nur 1,9 Prozent. Dafür mußten sie beim Innengeräusch mehr leiden, 64,2 Prozent hielten es für erträglich, und nur 32,1 Prozent fühlten sich niemals gestört.

Kaum ein Bericht über den 230 S ohne diese markante Frontansicht

Menschen hinter Zahlen

Der Stern dreht sich auf den Dächern vieler Produktionsstätten in der Bundesrepublik Deutschland, 1989 waren es genau elf. Das älteste und daher wohl auch bekannteste Werk steht in Untertürkheim, wo Motoren, Achsen und Getriebe hergestellt werden. Außerdem sind dort die Hauptverwaltung und das publikumsträchtige Museum untergebracht. Sindelfingen dagegen ist eher Kunden oder Freunden des Hauses als Produktionsstandort geläufig, da es einen Hauptanteil an Karosseriebau und der Montage von Personenwagen hat. Mit rund 45 000 Beschäftigten (1989) ist es auch das weitaus größte Werk der Mercedes-Benz AG, seit 1989 ein Unternehmensbereich im Daimler-Benz-Konzern.

Anders als das Werk Bremen, das mit Sindelfingen die Montage der PKWs, zum Teil im Verbund, abwickelt, ist das Werk Sindelfingen einer der alten Standorte der Firma und feiert 1990 sein 75jähriges Bestehen. Entstanden ist dieses Werk noch vor der Fusion von Daimler und Benz, nämlich in der Zeit von 1915 bis 1917, mitten in der Phase der Rüstungsproduktion, und zwar als Produktionsstätte der Daimler-Motoren-Gesellschaft. 350 Arbeitskräfte nahmen die Herstellung von Flugzeugen und Motoren auf. 1918 arbeiteten in Sindelfingen schon 5616 Menschen. Sie sahen nach dem Frieden von Versailles einer unsicheren Zukunft entgegen, denn der Flugzeugbau war Deutschland im Friedensvertrag

Der Stolz des Hauses: die neue Lackieranlage in Sindelfingen

Auch das paßt gut zusammen: beige und havannabraun

Farben im Zweiklang: hellblau und alfaweiß

124
HB- 06222

untersagt worden. Man improvisierte, unter anderem wurden sogar Schlafzimmereinrichtungen hergestellt! 1919 kam Sindelfingen erstmals intensiv mit dem Auto in Berührung: Karosserien für den offenen Tourenwagen Typ 16/45 PS wurden gefertigt.

Die Fusion 1926 brachte dem Standort Sindelfingen großen Auftrieb. Der gesamte Karosseriebau der neuen Daimler-Benz AG wurde dorthin verlegt, 1927 die Fließbandfertigung eingeführt. Eine erste große Blüte erlebte die Firma und damit auch das Werk Sindelfingen von 1933 bis 1939 mit dem Modellprogramm 170 bis 770. Der Ausbruch des Zweiten Weltkrieges brachte wieder Rüstungsproduktion in die Hallen, Flugzeugteile verdrängten die Fahrzeugaufbauten. 1943 wurden die Gebäude bei Luftangriffen zu 80 Prozent zerstört, die Maschinen zu 50 Prozent.

Doch schon kurz nach Kriegsende gab es wieder Arbeit für Sindelfingen. Die Siegermächte ließen ihre Autos hier reparieren, ehe es mit dem 170 V im Spätherbst 1945 wieder richtig los ging. Zunächst liefen nur Nutzfahrzeuge von den improvisierten Bändern, nämlich der Kastenwagen und Kombi aus der Vorkriegszeit. Auch Omnibusaufbauten und LKW-Fahrerhäuser wurden in dieser Zeit hier gebaut.

Der Wiederaufbau brachte eine grundlegende Neuerung für Sindelfingen und wurde zum Grundstein für die spätere Stellung des Werkes im gesamten Unternehmen: Karosseriebau und Endmontage waren jetzt hier zusammengefaßt, der Transport der fertigen Aufbauten nach Untertürkheim und Mannheim zur Endmontage entfiel, von jetzt an kamen die Einbauteile nach Sindelfingen. Mit dem 170 S durchlief 1949 die erste Nachkriegsentwicklung die Endkontrolle, 1952 gab es mit dem 100 000. Wagen des Typs 170 das erste Produktionsjubläum seit der Umstrukturierung der Werke. Beim Ausbau 1950 wurde der Zweischichtbetrieb eingeführt. Es ging nun Schlag auf Schlag, die neue Generation kam in Form des 180, der 300 SL folgte, die 220er-Reihe und dann, im Jahre 1959, die Heckflosse.

Ende 1958 arbeiteten in Sindelfingen 16 533 Menschen (zum Vergleich: 1989 waren es rund 45 000). 25,8 Millionen DM wurden 1958 in das Werk investiert, das war ein Fünftel aller Daimler-Benz-Investitionen. Zu jener Zeit hatte das Werk für den Karosseriebau zwei Preßwerke. 1957 waren erstmals zwei Pressen miteinander verknüpft worden, das Werkstück brauchte beim Arbeitsvorgang nicht mehr angefaßt zu werden. 8000 verschiedene Karosserieteile mußten hergestellt werden, ein neues Modell bedeutete von Mal zu Mal eine immer umfangreicher werdende Umstellung.

◄◄ Der Schornstein raucht in Sindelfingen: Hochbetrieb im Karosseriewerk. Noch bestimmt die Pontonkarosserie das Bild mit

◄ Die Attraktion des Treffens: 300 SE lang aus dem Bestand des Werksmuseums, natürlich in silber

Jedes neue Modell hat im Werk grundlegende Neuerungen in die Produktion eingeführt. Auch bei der Heckflosse war das so. Die wichtigsten Schritte betrafen die Schweißvorgänge, die Bauweise bei der Montage und später die Lackiererei.

Bei der Montage hieß die Neuerung Längsbauweise; das Auto wurde nicht mehr von vorn nach hinten gebaut, sondern von den Seiten montiert. Das ermöglichte vor allem den Einsatz neuer Maschinen, die die vorgefertigten Seitenteile an die Bänder brachten. Ganz neue Fließbänder erleichterten die Arbeit ebenfalls.

Eines der Entwicklungsziele der Baureihe W 110/111 war von Anfang an ein höherer Mechanisierungsgrad der Fertigung. Das wollte man vor allem durch den Einsatz weiterer Vielpunkteinrichtungen beim Schweißvorgang erreichen. 3400 Widerstandspunkte mußten nach den Plänen pro Karosserie verschweißt werden. Das stellte die Abteilung Verfahrensentwicklung, im Werk kurz VE genannt, vor eine schwierige Aufgabe. 1958 hatte diese Abteilung unter der Leitung von Direktor Otto Gengenbach 120 Mitarbeiter, wie in einer Chronik dieser Abteilung zu lesen ist, 1973 zusammengestellt zur Feier der 25-jährigen Werkszugehörigkeit Gengenbachs.

Die VE löste das Problem, allerdings mit Hilfe von Fremdfirmen, weil die eigene Werkstattkapazität nicht ausreichte. Die Lösung gelang so gut, daß die in der Projektierung geplante Tagesstückzahl von 350 schließlich bei 650 landen konnte. Es wurden damals Schweißstraßen eingeführt, unter anderen eine Bodenschweißstraße und eine Türenschweißstraße.

Schon lange vor der eigentlichen Produktion war die VE für die Baureihe W 110 bis 112 tätig. Mit einer neuen Abformtechnik mit Gießharzen wurde es im Modellbau möglich, in den Werkzeugmaschinen eine viel bessere Genauigkeit zu installieren und sie schneller anzufertigen. Außerdem konnten alle Urmodelle über ein Negativ vervielfältigt werden und standen so mehrfach zur Verfügung. In der Entwicklung des W 110 wurde erstmals vom kompletten Urmodellsatz je zwei Positiv-Duplikate abgezogen. Bis dahin waren Holzmodelle verwendet worden. Abteilungsleiter Gengenbach hatte diese Anregung von einer USA-Reise mitgebracht.

Eine Vorstufe späterer Roboter fand in die Produktion dieser Baureihe Einzug. Als sogenannte Übergabevorrichtungen oder „handling"-Einrichtungen – es handelte sich um einfache Greifarme – wurden sie eingesetzt für Vorderachsträger, Schiebedach, Motorhaube und Türen. Diese Geräte waren typgebunden.

Am 27. Februar 1963 stellte Daimler-Benz eine völlig neue Lackierhalle vor. Mit der hochmodernen Anlage wurden das Lacktauchverfahren, die Vierschichtlackierung und ein verbesserter Unterbodenschutz eingeführt. Die Arbeit begann im Erdgeschoß der zweigeschossigen, hellen und geräumigen Halle, wo bei der

Die Halle für die Feinen: Coupé und 300 Cabriolet d auf dem Montageband

Vorreinigung die geschulten Augen der Arbeiter vor allem Flecken entdecken sollten. Im Obergeschoß wartete auf die Karosserien die Wasch- und Phosphatieranlage, um Fett und Schmutz endgültig zu entfernen und dem sauberen Blech eine Zinkphosphatschicht überzuziehen. Sie verhinderte bei Beschädigungen ein Unterrosten und bildete einen Haftgrund für den Lack. Der nächste Schritt war der große Fortschritt der Anlage: die Grundierung im Tauchverfahren. Durch das Eintauchen der gesamten Karosserie in das 52 Tonnen Lack enthaltende Tauchbad wurden alle Hohlräume, alle Ecken und Winkel in einer bis dahin unbekannten Zuverlässigkeit erreicht. Zwölf Kilogramm Lack wurden dabei für jede Karosserie verbraucht. Auch die folgende Anbringung eines verstärkten Unterbodenschutzes war neu. Eine als PVC-Plastisol bezeichnete Masse, mit Kunstharzen angereichert, wurde aufgespritzt und durch Wärmeeinwirkung ausgehärtet. Unterbodenschutz war in jenen Jahren erstmals zu einem wichtigen Thema geworden, nachdem durch verstärkten Einsatz von Salzstreuung viele Rostschäden an den Fahrzeugen aufgetreten waren, auch an den feinen Karossen von Daimler-Benz.

Der zweite Grundlack gelangte im elektrostatischen Verfahren auf die Karosserie. Dabei zerstäubte die Wirkung eines Hochspannungsfeldes von 100 000 Volt den Lack auf die Flächen. Vorlack und Decklack brachten die Lakkierer selbst mit der Spritzpistole auf. Vor jedem dieser Arbeitsgänge war ein Schleifvorgang geschaltet. Zum Schluß erhielten Motorraum und Boden noch eine Schutzschicht aus korrosionsfestem Wachs. Insgesamt wurden bei einer Lackdicke von 0,13 Millimetern 23 Kilogramm Lack und 12 Kilogramm PVC verwendet.

Nicht nur neue Qualität brachte die neue Lackieranlage, sondern auch verbesserte Arbeitsbedingungen. Viele, wenn auch noch nicht alle Vorgänge waren jetzt mechanisiert, die Schleifarbeiten räumlich getrennt von den Lackierarbeiten. Der technische Fortschritt schlug sich außerdem in verringertem Wartungsaufwand nieder.

Deutlich gemacht: das Chassis

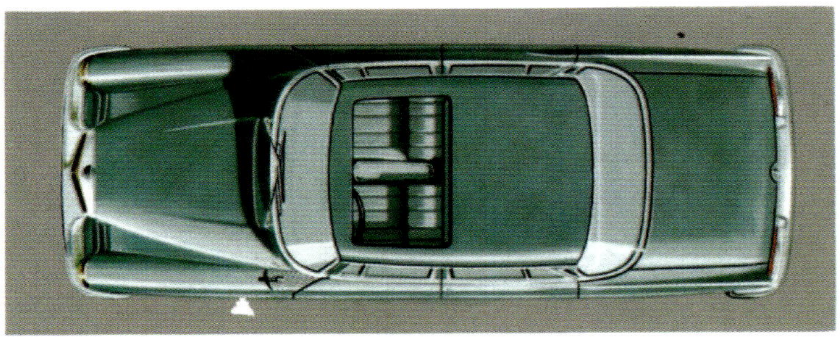

Der 220 S in gezeichneter Schönheit, fast noch schnittiger als in der Realität

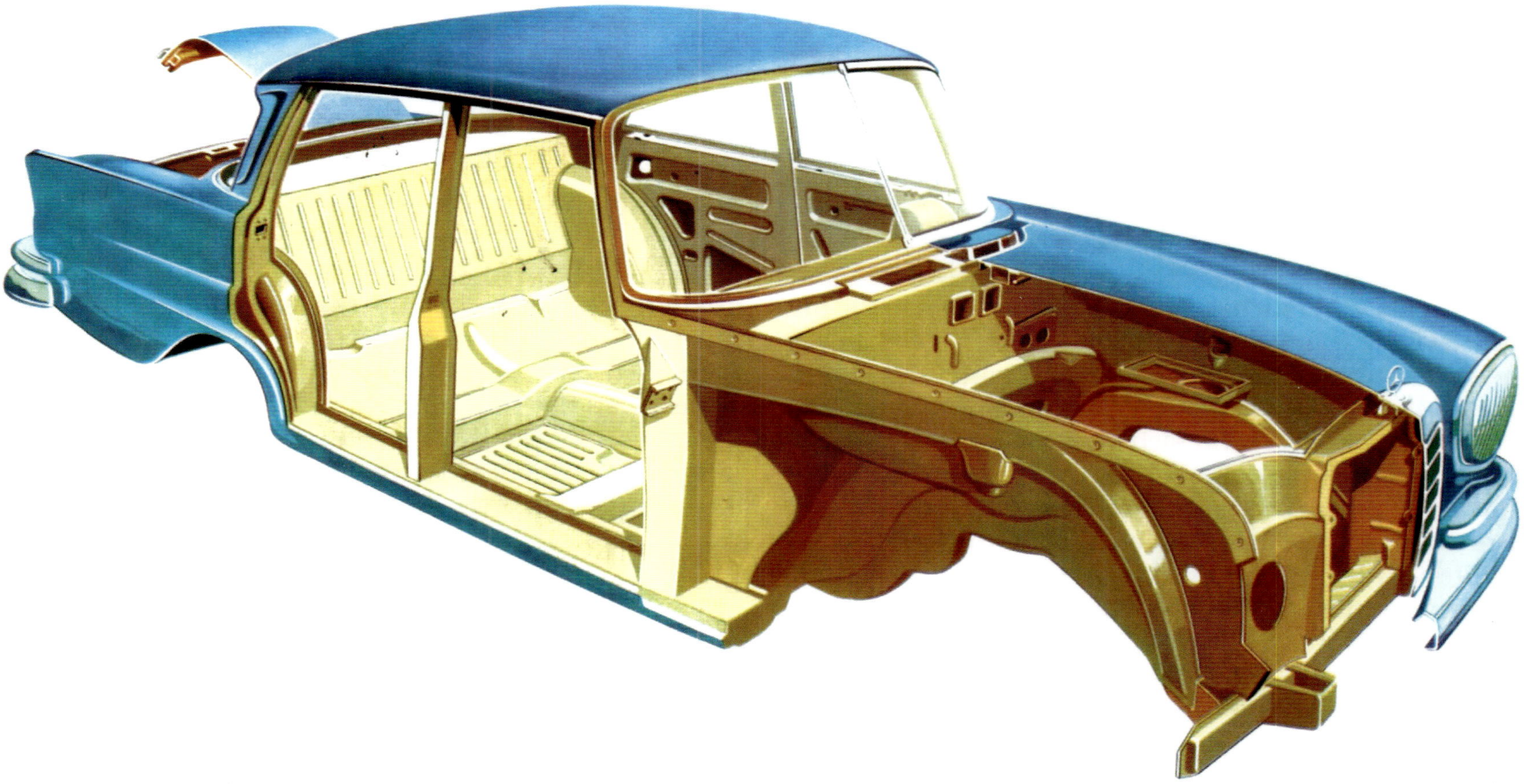

Durchblick für den Betrachter des Prospektes: Aufbau der Karosserie in einfacher „Röntgen-Darstellung“

überschritten, während 180er und 190er zusammen auf rund 71 000 kamen. Ganz am Rande: vom 300er wurden 1960 852 Stück gebaut, 11 mehr als 1959. In der PKW-Produktion wurde insgesamt die 120 000-Stück-Marke übertroffen. Der Umsatz kam auf 2 904 844 200 DM

lung der neuen 190er, des 300 SE sowie des 220 SE Cabriolet hinter sich. Die Modellfamilie war komplett.

Zwei allgemeine Sätze aus dem Bericht, die auch in der Rückschau ihre Bedeutung haben: „Neben den traditio-

Und daß die Lackiererei leistungsfähiger war als die bisherige Anlage, braucht nicht weiter betont zu werden. Immerhin lief in Sindelfingen zu dieser Zeit alle 1,7 Minuten eine Karosserie vom Band. Dazu standen jetzt sieben Spritzlackieranlagen zur Verfügung, jede mit Spritzkabine und Durchlauftrockenofen.

In der Abteilung Verfahrensentwicklung wurde weit vorausgedacht. Eine Karosserie des 220 S diente im Jahre

DIE WIRTSCHAFTLICHE SITUATION

1959

Optimales Rüstzeug zu sein für gute Zeiten, das war die Aufgabe der neuen Baureihe, als sie im Herbst 1959 ins Rennen geschickt wurde. Dieses Jahr bescherte dem Hause Daimler-Benz erstmals eine Personenwagenpro-

HD-M 220

nellen Automobilherstellern in USA und in Europa gewinnt die japanische Automobilindustrie in jüngster Zeit zunehmend an Bedeutung." Eine Erkenntnis aus dem Jahre 1962...

Man wollte keine Entwicklung verpassen, deshalb hieß es an anderer Stelle im Bericht: „Im Herbst 1961 wurde die Möglichkeit einer künftigen Motorenfertigung nach dem System NSU-Wankel durch einen Lizenzvertrag mit der Gruppe NSU-Wankel gesichert... Ob und wann mit dem Einbau solcher Motoren gerechnet werden kann, hängt noch von vielen Faktoren ab." Das Projekt C 111 lag noch in weiter Ferne, acht Jahre später stand der Wagen auf den Rädern.

Der Geschäftsbericht würdigte auch zwei Jubiläen: Es galt in jenem Jahr „75 Jahre Motorisierung des Verkehrs", also auch des eigenen Bestehens, zu feiern und den 1 000 000 PKW-Motor seit Wiederaufnahme der Produktion.

Der Umsatz hatte die Drei-Milliarden-Grenze überschritten, 1,9 Milliarden der 3,2 Milliarden Gesamtumsatz wurden im Inland gemacht (59,3 Prozent). Der Reingewinn kletterte diesmal nur mäßig auf jetzt 37 819 440 DM. Die Zahl der Beschäftigten betrug 71 114.

1962

Im Geschäftsbericht für 1962 war der japanischen Automobilindustrie bereits ein ganzer Absatz im allgemeinen Teil gewidmet. Immerhin war Japan damals schon nach den USA der größte Nutzfahrzeughersteller der Welt. Während die PKW-Produktion in der Bundesrepublik

Immer auch eine verkaufsfördernde Maßnahme: das Engagement des Werks im Rallyesport

◄ Drei Generationen von Mercedes-Limousinen im Schönheitswettbewerb: Ponton, Heckflosse, S-Klasse

um 10,8 Prozent stieg, tat es die von Daimler-Benz nur um 6,5 und lag nun knapp unter der 150 000-Grenze. Gut 90 000 davon entfielen auf die 190er-Reihe. Erstmals war also ein Rückgang beim 220/300 zu verzeichnen, wenn die Zahl auch mit 56 158 noch über dem Niveau von 1960 lag (51 070). 1961 waren es 61 192 gewesen. Die Ursache lag aber nicht an nachlassendem Interesse – lange Lieferfristen sind inzwischen ein Dauerthema im Geschäftsbericht geworden –, sondern bestand in einer Verlagerung der Produktion zugunsten der kleineren Typen. Neu im Programm waren Coupé und Cabriolet vom 300 SE.

Der Umsatz stieg um 9,7 Prozent auf 3 594 793 300 (Inland 63,5 Prozent), der Reingewinn auf 47 274 300, die Zahl der Beschäftigten auf 77 596. Durch die Übernahme des Werkes Düsseldorf am 1. April 1962 waren 6482 hinzugekommen. Eine für diese Zeit typische Sorge verdeutlichen folgende Sätze zum Thema Personal: „Die Lage auf dem Arbeitsmarkt blieb auch im Jahre 1962 angespannt. Die weitere Arbeitszeitverkürzung zusammen mit der Verlängerung des Urlaubs sowie dem abermals gestiegenen Krankenstand haben den Personalmangel noch verstärkt. Am Ende des Berichtsjahres waren 3665 ausländische Gastarbeiter (im Vorjahr 2222) beschäftigt, das waren 4,7 Prozent (3,1 Prozent) der Gesamtbelegschaft." (1960 betrug die Wochenarbeitszeit in der Bundesrepublik 45 Stunden und wurde schrittweise bis 1970 auf 42 Stunden reduziert. Bei Daimler-Benz kam die 40-Stunden-Woche schon am 1. Januar 1967. 1962 gab es in der Regel 16 Tage Jahresurlaub.)

Trotz heraufdämmernder gesamtwirtschaftlicher Sorgen stieg der Umsatz um 9,7 Prozent auf 3 594 793 300, 2 283 595 700 kamen davon aus dem Inlandsbetrieb (63,5 Prozent).

1963

Die Produktion der Personenwagen überschritt 1963 die 150 000-Marke nach einem Anstieg von 4,8 Prozent (Durchschnitt der bundesdeutschen Autoindustrie: + 14,5 Prozent). Noch mehr Mercedes-Wagen wurden verhindert druch Tarifauseinandersetzungen im Frühjahr; den Ausfall beziffert der Bericht auf 150 Millionen. Da die Werke voll ausgelastet waren, konnte der Rückstand nicht mehr aufgeholt werden. Hoffnung auf Besserung machte der Bericht dennoch in Sachen Lieferfristen. „In den einzelnen Fahrzeugklassen wurde die Produktion jeweils der Nachfrageentwicklung angepaßt, um besonders den Schwierigkeiten der Liefersituation Rechnung zu tragen." Sterne des Jahres waren der auf der IAA vorgestellte 600 und der 230 SL.

Die Zahl der Mitarbeiter hatte sich gegenüber dem Vorjahr etwas verringert, 76 930 statt 77 596. Der Bericht beklagt, daß Fachkräfte immer schwieriger zu finden seien. Trotz mancher Sorgen stieg der Umsatz kontinuierlich und lag jetzt bei 3 809 011 600. 2 345 172 000 davon steuerten die Inlandswerke bei (61,56 Prozent). Der Reingewinn war inzwischen um 21,9 Prozent auf 57 632 076 geklettert.

1964

Der Blick ins Ausland, mit dem traditionell jeder Geschäftsbericht beginnt, widmete Japan diesmal schon 14 Zeilen und erwähnt einen Export von 83 456 Personenwagen bei einer Gesamtproduktion von 579 660. Die Exporte von Daimler-Benz bewegten sich übrigens bei 36,4 Prozent des Umsatzes. Unter anderem gingen 10 700 Wagen nach den USA.

Die Personenwagenproduktion in Untertürkheim und Sindelfingen erhöhte sich um 8,1 Prozent auf 165 532 Autos, auch die anderen Daten waren von stetiger Steigerung geprägt: der Umsatz sprang um 10,9 Prozent auf 4 225 600 000 (davon Inland 63,58 Prozent), der Reingewinn auf 72 950 544 DM; auch die Mitarbeiterzahl war wieder angestiegen und belief sich nun auf 78 835.

1965

Ihre Sorgen mit den Personalkosten bringt die Konzernleitung in der 70. ordentlichen Hauptversammlung den Aktionären eindringlich nahe. Um 3,8 Prozent auf 81 845 war der Personalbestand gewachsen, die Kosten aber um 13,9 Prozent auf 1 067 900 000. Verantwortlich gemacht wurden dafür die Tariferhöhungen aus dem Jahre 1964, die 1965 voll wirksam wurden. Zu dieser Zeit galt die 41¼-Stunden-Woche, die 40 Stunden-Woche folgte dann zum 1. Januar 1967.

Im Jahr der Vorstellung der S-Klasse betrug die Gesamtproduktion bei den PKW 174 007 Einheiten. Der Gesamtumsatz kam auf 4 474 460 300 (diesmal nur +5,9 Prozent), der Reingewinn auf 85 113 402 DM (+16,6 Prozent). 63,05 Prozent des Umsatzes entfielen auf das Inland.

1966

In diesem Jahr spielte die Baureihe der Heckflosse immer noch die dominierende Rolle, obwohl es das erste volle Produktionsjahr der neuen S-Klasse war. 103 800 der alten Baureihe standen 88 125 der neuen gegenüber. Der Nachfolger der kleineren Typen würde in zwei Jahren auf den Markt kommen. Aber auch mit den alten Modellen in diesem Segment ging es weiter aufwärts: Während die gesamte deutsche PKW-Industrie in der damaligen Wirtschaftskrise 5 Prozent Minus machte bei den Stückzahlen, erhöhte die Daimler-Benz AG um 10,1 Prozent auf 191 625 Personenwagen. Der größte Teil des Zuwachses ging auf das Konto des Exports. 84 419 Mitarbeiter gehörten jetzt zum Haus.

So grün wie hier im Prospekt wurde er dann doch nicht . . .

Majestätische Kombination: dunkel-bordeauxrot und schwarz

Nüchtern stellte der Bericht zur Gesamtsituation in der Bundesrepublik fest: „Nach der Befriedigung des großen Nachholbedarfs in der Motorisierung nach dem Kriege hat die deutsche Automobilindustrie nunmehr einen Stand erreicht, bei dem sich die normalen Zyklen der Konjunktur auch auf diesen Industriezweig auswirken..."

Der Umsatz bei Daimler-Benz durchbrach die Schallmauer von fünf Milliarden und landete bei 5 039 326 866 (Inland 61,38 Prozent), der Reingewinn bei 91 201 578 DM.

Dem Aufsichtsrat standen in jenen Jahren ohne Unterbrechung Dr. Hermann J. Abs als Vorsitzer und Dr. Dr. Friedrich Flick sowie Dr. Herbert Quandt als erster und zweiter Stellvertreter vor. Vorstandsvorsitzender war 1959 und zum Teil 1960 Dr. Dr. Fritz Könecke, ihn löste 1960 Baurat Dipl. Ing. Walter Hitzinger ab, der dieses Amt bis zum 10. Februar 1966 innehatte. Sein Nachfolger wurde Dr. Joachim Zahn.

Personen

Es ist schwer, eine Grenze zu ziehen, wenn es darum geht, welche Persönlichkeiten des Hauses Daimler-Benz aus jenen Jahren 1959 bis etwa 1965 gewürdigt werden sollten. Manch einer wie etwa der Konstrukteur und Erfinder Béla Barényi oder Rennleiter Karl Kling findet durch herausragende Arbeit in seinem Teilbereich nahezu zwangsläufig Erwähnung, so daß hier auf drei auf höchster Ebene Verantwortliche eingegangen werden soll. Ihre Namen sind zwar Kennern des Hauses bekannt, ihre Arbeit ist aber nicht mit einem bestimmten Bereich der Autos oder gar der Baureihe der Heckflosse unmittelbar verbunden.

Professor Dr. Fritz Nallinger

Ob es diesen Typ von Manager unter seinen Nachfolgern noch gegeben hat? Ein Vorstandsmitglied mit allen Qualifikationen für die oberste Etage, das aber gleichzeitig jeden Versuch selbst fahren kann und gute Rennfahrer im Vergleich der Rundenzeiten stehen läßt? Für sein Metier, die Entwicklung und Erprobung neuer Autos,

Rationelles Arbeiten: die Wagen rollen im Verladebahnhof auf die bereitstehenden Waggons

Geller & Co.
Transport-Gesellschaft
m.b.H.
Saar
S 176
Neunkirchen

-BENZ A.G.
tion Helmut Kuhnwaldt

Dr. Rudolf Uhlenhaut

brauchte der Vorstand für Konstruktion und Entwicklung, Professor Dr. Fritz Nallinger, keinen Stab von Fachreferenten. Er hatte nicht nur die Theorie im Blick, er hatte auch die Praxis im Griff.

Keine Eliteschule hatte Fritz Nallinger besucht, als er seine Laufbahn begann, keine systematische Grundausbildung quer durch alle Sparten eines Industriekonzerns – wie später üblich – vermittelte ihm seine Kenntnisse. Der 1898 in Esslingen geborene Nallinger beendete 1922 sein Studium an der Technischen Hochschule Karlsruhe mit dem Diplom für Maschinenbau und trat der Firma Benz und Cie in Gaggenau bei. Zwei Jahre danach ging er als Entwicklungsingenieur nach Untertürkheim. Bis dahin war sein Weg mit dem vieler Ingenieure vergleichbar. Seine Qualitäten als Spezialist für Erprobung und Umsetzung neu gewonnener Erkenntnisse ließen ihn schnell Karriere machen, 1935 wurde er Technischer Direktor, 1940 kam er in den Vorstand und blieb dort bis zu seinem Ausscheiden am 28. Dezember 1965. Nallinger starb am 4. August 1984.

◀ Die Heckflosse grüßt die Autobahn: so gingen die PKW per Transporter auf die Fahrt zum Kunden. Es zieht LP 322, eine Neuerscheinung aus dem Jahre 1959

Konstruktion und Entwicklung in einem Konzern mit Produkten dieser Bandbreite sind wahrlich eine Herausforderung an den Techniker. PKW, LKW, Omnibus und Stationärmotoren verlangten stets spezielle Analysen, Zukunftskonzepte und realisierbare Produkte, die das Vorstandsmitglied von der technischen Seite im Konfliktfall gegenüber allen anderen Ressorts durchzusetzen und zu verteidigen hatte. Die Sicherheitstechnik der Heckflossen-Baureihe gehört sicher zu den Glanzlichtern der Nallinger-Zeit, ebenso der Diesel-PKW in Serie und die obengesteuerten Sechszylinder-Motoren.

Dr. Rudolf Uhlenhaut

Es ist kein Wunder, daß Nallinger hervorragende leitende Mitarbeiter um sich scharte. Es zog von jeher die besten Techniker zu Daimler-Benz, der gute Ruf der Firma wirkte und wirkt sich auch in diesem Bereich positiv aus. Seinem obersten Chef in der Arbeitsweise sehr ähnlich war Dr. Rudolf Uhlenhaut, 1959 zum Chef der PKW-Entwicklung ernannt und damit Professor Dr. Scherenberg, dem Leiter der gesamten Entwicklung, direkt unterstellt. Auch Uhlenhaut war ein brillanter Fahrer, der den Vergleich mit Rennfahrern nicht scheute. Er jagte an der Spitze des Konvois der Versuchswagen bis nach Sizilien und an den Polarkreis. Wie Nallinger war er besonders dem Rennwagenbau verbunden. Es wird berichtet, daß er zu Beginn der hohen Grand-Prix-Zeit vor dem Zweiten Weltkrieg im Jahre 1936 am Nürburgring, den Wagen Caracciolas noch einmal um 23 Punkte in der Fahrgestellabstimmung verbesserte, nachdem der Rennstar selbst schon 25 wunde Punkte gefunden hatte und danach zufrieden nach Hause gefahren war. Der Motorsport nach 1945 gehört ebenso in Uhlenhauts berufliche Etappen wie gegen Ende seiner Zeit der C 111, der berühmte Versuchsträger mit Wankelmotor. Die S-Klasse (W 116), 1972 vorgestellt, war das Abschiedswerk Uhlenhauts. Er starb kurz vor seinem 83. Geburtstag im Mai 1989.

Dr. Karl Wilfert

Die Versuchsabteilung in Sindelfingen war das Reich von Dr. Karl Wilfert. Der 1907 in Wien geborene Ingenieur begann seine Laufbahn 1929 als Assistent des Chefkonstrukteurs und erhielt 1935 eine eigene Abteilung mit der feinen Bezeichnung „Einzelwagenbau". Gleichzeitig leitete er die Versuchsabteilung für den Bereich Karosserie, später die Entwicklungsabteilung für besondere Karosseriekonstruktionen. Er war es auch, der seinerzeit Béla Barényi ins Werk brachte, ihm Freiraum gab für seine sicherheitstechnischen Erprobungen, die ja erst viel später in der Serie wirksam werden sollten. Als Direktor und Leiter aller Karosserientwicklungsabteilungen beendete er seinen Dienst bei Daimler-Benz.

Die Fahrer hier mal im dunklen Anzug: Eugen Böhringer (r.) und Rolf Knoll

Ein ganz persönliches Rennerlebnis zu Beginn dieses für die Fahrzeuge der Baureihe so wichtigen Kapitels: es war mein erster Nürburgring-Besuch überhaupt, am 13. Juni 1965, beim Sechs-Stunden-Rennen für Tourenwagen. Soeben hatte Manfred Schiek den dunkelblauen 300 SE, in Führung liegend, in der 10. von 34 Runden mit Getriebeproblemen an die Box gebracht. Altmeister Eugen Böhringer fuhr schon nach kurzer Zeit weiter, durchmaß schnell die langgezogene Südkehre der alten Nordschleife, entschwand den Blicken auf der Gegengeraden – und ward nicht mehr gesehen, das Auto blieb im Streckenabschnitt Kesselchen liegen. Niemand unter den Zuschauern konnte wissen, daß sie soeben die letzten Rennminuten der Werks-300 SE auf dem Nürburgring miterlebt hatten und den letzten offiziellen – und schon nur noch geduldeten, auf Schieks Initiative zurückgehenden – Werkseinsatz von Daimler-Benz auf dieser Strecke für 24 Jahre. Ahnen hätte man das Ende der Rennkarriere der Heckflosse aber durchaus können. Ganz neue Autos waren aufgefahren, Lotus Ford Cortina, Ford Mustang und natürlich der BMW 1800 TI. Es gewann bei diesem Rennen Sir John Whitmore auf Lotus Ford Cortina vor einem jungen Mann namens Jochen Neerpasch, 24 Jahre später Rennleiter bei Daimler-Benz, seinerzeit im Ford Mustang unterwegs und nur um eine Zehntelsekunde geschlagen.

Die Neulinge hatten die Grenzen der schon angegrauten Baureihe im Motorsport aufgezeigt. Noch einmal hatte vor dem Nürburgring-Ereignis der Werksingenieur Man-

Auftaktrennen bei der Rallye Akropolis 1962, Eugen Böhringer steuert den 220 SE

fred Schiek mit einem kleinen Team das Auto verbessert und in den ersten zehn Runden groß aufgetrumpft, ehe das Ende kam. Ihre Erfolge hatten die Autos der Baureihe hinter sich, wenn sie auch unter Privatfahrern – Manfred Schiek gehörte dazu – noch eine Weile zumindest Klassensiege errangen.

Trotz der Rundstreckenerfolge – wer den 220 SE und den 300 SE mit Rennnummer vor Augen hat, dem fallen zuerst Bilder von Argentinien ein. Jene grandiosen Rennen des Gran Premio, eigentlich einer Rallye, vergleichbar wohl nur mit der Ostafrika-Safari, machten die schnellen Limousinen auch als Rennsportfahrzeuge populär. Die vier Siege von 1961 (Walter Schock vor Hans Herrmann), 1962 (Ewy Rosqvist), 1963 (Eugen Böhringer vor Dieter Glemser, Ewy Rosqvist und Juan Manuel Bordeu) und 1964 (Eugen Böhringer vor Dieter Glemser) weckten Erinnerungen an die berühmten Einsätze des 300 SL bei der Carrara Panamericana von Mexiko im Jahre 1953. Den argentinischen Rennen ist ein eigenes Kapitel gewidmet. Hinter diesen Erfolgen reihen sich zahlreiche Siege und gute Plazierungen bei Rallyes und bei den in den sechziger Jahren populär gewordenen Tourenwagenrennen auf der Rundstrecke ein.

1960

Vom ersten Augenblick an war der 220 SE als Wettbewerbswagen ein Siegerauto, jedenfalls im Rallyebereich. Ein solches Kunststück war 1960 sicherlich noch leichter als zehn oder 20 Jahre später in einer Zeit mit immer größerem technischen und finanziellen Einsatz. Aber eine Leistung war es schon damals, sie paßte sich nahtlos in das durch und durch positive Bild der Mercedes-Fahrzeuge ein.

Alljährlich wird die Motorsportsaison mit der berühmten Rallye Monte Carlo eingeläutet. Das war auch schon 1960 so. Daimler-Benz ging mit drei Wagen an den Start. Es handelte sich wie immer in dieser Zeit um Werkswagen, gesteuert wurden sie aber von Privatfahrern, denen die Autos per für jede Rallye immer wieder neu erstellten Leihvertrag übergeben wurden. Dazu mußte ein Schriftwechsel geführt werden, der sich heute als Kuriosum in den Unterlagen des Archivs wiederfindet (von der Abteilung „Sportbetreuung" an die Abteilung „Verkauf Inland", es ging dabei um „Geschäftswagen für die Sportabteilung, ohne Fahrer").

Walter Schock/Rolf Moll – dieses Team sollte die gesamte Rallye-Saison dominieren – Eugen Böhringer/Hermann Socher und Eberhard Mahle/Herbert Ott starteten von Warschau aus nach Monte Carlo. In dieser Reihenfolge liefen sie auch im Ziel ein, Dreifachsieg und der Mannschaftssieg bildeten einen fulminanten Auftakt. Der Holländer Tak wurde in einem privaten 220 SE Fünfter. Es war der Durchbruch für den Einspritzmotor, wer je Zweifel an dem Neuartigen gehegt hatte, warf sie nun über Bord. Ein ganz wichtiger Erfolg in der Geschichte der Heckflossenbaureihe.

Wie es damals bei einer Rallye zuging, zeigt ein Bericht von Rolf Moll in der ADAC-Broschüre „Könige von Monte Carlo". Er beschreibt darin den Verlauf einer Sonderprüfung am Col de Granier: „In den Steilstücken des Passes kämpfte sich unser Mercedes schwer vorwärts, teilweise sogar nur im Schrittempo. Plötzlich, nach einer scharfen Linkskurve am Auslauf einer Brücke, sahen wir unsere Kameraden Böhringer und Socher bereits mit Schneeketten hantieren. Um den abgestellten Wagen nicht zu rammen, gab es für uns nur eine Möglichkeit: Walter Schock benützte die rechte Straßenbegrenzung und Erdmauer als Bremse. Der Versuch glückte! Wir standen! Aber es hätte nicht viel gefehlt und die nachfolgenden Mahle/Ott wären auch an dieser Stelle bei uns gelandet. Wir erkannten sehr rasch, daß ein Kettenauflegen an dieser Stelle unmöglich war. Die Straße war viel zu steil, sie fiel seitlich ab und war so vereist, daß man die Wagen außen abstützen mußte, um ein Abrutschen zu verhindern. Wir versuchten deshalb, ohne Ketten weiterzukommen. Es gelang uns auch, die schweren Mercedes wieder in Bewegung zu bringen, und so erreichten wir nach weiteren 4 km, jedoch mit einer Verspätung von 12 bis 15 Minuten, die Paßhöhe. ... Eugen Böhringer und Hermann Socher versuchten noch einige Zeit lang, Ketten aufzuziehen, mußten es aber schließlich aufgeben. Hermann Socher stellte sich, um wieder in Fahrt zu kommen, auf die hintere Stoßstange, um auf diese Weise einen stärkeren Hinterachsdruck zu erzielen. Es glückte! Der Wagen setzte sich wieder in Bewegung, und nun wollte Eugen Böhringer natürlich nicht mehr anhalten, denn anhalten bedeutete stehenbleiben. So mußte Hermann Socher 4 km lang auf der Stoßstange wie ein Artist balancieren und wie er uns später sagte, waren dies für ihn die gefährlichsten fünf Minuten seines Lebens. In den Kurven sah der gute Hermann jedesmal den gähnenden Abgrund unter sich und lief dabei Gefahr, von der Stoßstange heruntergeschleudert zu werden ..." Man stelle sich solche Episoden mit den schnellen Nachfolgern des Siegerautos von 1960 vor, mit dem Porsche 911, Lancia Stratos, Audi quattro und Lancia Delta. Eine Jagd um hundertstel Sekunden war eine Rallye 1960 offenbar noch nicht.

Dennoch waren auch die damaligen Rallyes eine harte Beanspruchung des Materials, wie der Bericht von Rennleiter Karl Kling an Dr. Nallinger zeigt. Und sie galten ebenso als Zuverlässigkeitsbeweis wie in späteren Jahrzehnten, wahrscheinlich sogar seinerzeit noch mehr, weil man damals viel näher an der Serie blieb.

Und sie dienten natürlich damals schon der Vermarktung der Produkte. Interessant ist in diesem Zusammenhang das Glückwunschtelegramm Nallingers an Kling: „Gratuliere herzlich allen Beteiligten, insbesondere den Fahrern, zu dem hervorragenden und einmali-

101

200
201

gen Erfolg, den sie auch für die Marke Mercedes-Benz errungen haben. Freue mich, daß die guten Fahreigenschaften, das neutrale Fahrverhalten der Fahrzeuge, ob trockene Straße oder Schneestraße, gute Sicht vom Fahrersitz aus, präzise Lenkung und gute Bremsen, sich günstig ausgewirkt haben, und bitte, diese Version vor allem der Presse gegenüber zu vertreten und den Einspritzmotor nur gelegentlich zu erwähnen. Herzlichen Gruß, Ihr Fritz Nallinger." Der Glanz des Erfolges sollte schließlich auch den 220 und 220 S anstrahlen und das Thema einer gewissen Reserviertheit gegenüber dem Einspritzmotor offenbar gar nicht erst angetippt werden.

Es ging weiter mit der Rallye Genf. Hier reichte es Schock/Moll nur zu einem fünften Platz, Mahle/Ott wurden Vierte, das Team Tak/Gorris Neunter. Zum Trost bedeutete das aber immerhin einen dreifachen Klassensieg. Bei der Tulpenrallye in den Niederlanden lief es etwas besser, Schock/Moll kamen auf den dritten Platz. Den zweiten Saisonsieg – und wieder in einer besonders schwierigen Rallye – holte sich die Erfolgsmannschaft dann im späten Frühjahr in Griechenland. Die Rallye Akropolis schien am Anfang ein gutes Pflaster für das Auto zu sein, hier sollten sich noch weitere Erfolge in den folgenden Jahren einstellen. Ihren dritten Saisonsieg feierten Schock/Moll in Polen. Nach der Polen-Rallye führten sie mit 128 Punkten vor ihren größten Rivalen, den Franzosen Trautmann/Ogier auf Citroën, 116,5 Punkte. Nichts zu erben gab es in Norwegen, Schock/Moll fanden sich auf einem ungewohnten 22. Platz im Gesamtklassement wieder.

Es folgte die Deutschland-Rallye. Schock/Moll wollten gewinnen, um vor der abschließenden England-Rallye den Titel sicher zu haben. Es mißlang, obwohl es einen Mercedes-Sieg zu feiern gab. Kreder/Knoll gewann auf einem 190 (!), der 220 SE von Schock/Moll lief als Vierter ein. Also doch nach England, jener Rallye, in der Kontinentaleuropäer fast nie eine Chance haben; sie ist seit Jahrzehnten fest in der Hand der Skandinavier und gelegentlich der Einheimischen. Daran hat später übrigens auch ein Walter Röhrl nie etwas ändern können. Die Mercedes-Leute haben die England-Rallye offenbar auch nicht gerade geliebt, denn sobald Trautmann ausgeschieden war, zogen sie ihre Fahrzeuge zurück! Das brachte Ärger, die Briten fühlten sich in ihrem Sportsgeist verletzt. „Wir wünschen den Deutschen jeden Erfolg, aber das ist ein außergewöhnlich enttäuschendes Ende eines vielversprechenden Ringens um den Sieg", so wird ein Offizieller von einer Zeitung zitiert. Mercedes wehrte sich. Man habe wegen völliger Aussichtslosigkeit auf eine Plazierung aufgegeben. Überzeugend klang das alles nicht, zumal Rolf Moll bei derselben Gelegenheit bekanntgab, auf die Europameisterschaft künftig zu verzichten, um nur noch einige ausgewählte Rallyes zu bestreiten. Die England-Rallye zählte vermutlich nicht dazu...

Weitere gute Plazierungen in diesem ersten Rallyejahr: Böhringer/Socher wurden Zweite im Coupes des Alpes, Mahle/Ott Dritte der Alpenrundfahrt, Aaltonen (ein aufgehender Stern) kam in der Rallye der 1000 Seen auf Platz fünf. Hier hatte Böhringer ein böses Erlebnis, er wurde in einen Unfall mit Todesfolge verwickelt. Ein Unfall stoppte Böhringer außerdem bei der Rallye Mitternachtsonne, der Mercedes blieb auch hier ohne gute Plazierung.

Auch Privatiers waren mit dem neuen Wagen unterwegs, einer von vielen sei hier herausgegriffen, weil es in seiner Heimat nicht viel aktive Motorsportler gibt: Der Luxemburger Jean Hauser gewann 1960 die Luxemburg-Rallye.

Rallye-Konkurrenten des 220 SE waren seinerzeit neben den großen Citroën der Alfa Romeo SS, der Volvo P544 und natürlich der Porsche 356.

Von Anfang an dabei bis weit in die sechziger Jahre war der 220 SE (später durch den 300 SE abgelöst) beim Sechs-Stunden-Rennen für Tourenwagen auf dem Nürburgring. Die erste Ausgabe dieser später zum Klassiker gewordenen Veranstaltung ging an von Zedlitz/Golderer vor der Volvo-Besatzung Schramm/Schultze. Die Dritten, König/Jüttner, ebenfalls Mercedes, vollbrachten an diesem Rennsonntag ein tolles Nürburgring-Kunststück: Sie mußten alle 29 Runden ohne Windschutzscheibe fahren. Auch Platz vier belegte ein Mercedes, ihn fuhren Plant/Zick. Tourenwagenrennen lagen seinerzeit in den Anfängen, in den Autozeitschriften tauchten erste allgemeine Berichte auf über die neue Form von Basissport. Vielfach konnten die Kleinen vorne mitfahren, in der Anfangszeit besonders die schnellen DKW 1000. Die damaligen Besitzverhältnisse brachten es mit sich, daß der jährliche Geschäftsbericht von Daimler-Benz auch die DKW-Erfolge lobend erwähnte.

1961

„Mercedes schlägt alle Afrikarekorde", das war die Schlagzeile, mit der Pressechef Artur J. Keser die erste Siegesmeldung des Jahres an die Redaktionen weitergab. Ende Januar lief in Afrika die Rallye Alger-Centralafrique, eine 11000 Kilometer lange Gewalttour von Algier nach Bangui in Nigeria mit zweimaliger Saharadurchquerung. Es wurde ein Doppelsieg für Daimler-Benz, und der kam in seiner besonderen Wirkung einer für europäische Verhältnisse exotischen Veranstaltung gerade recht, das wenig medienwirksame Ergebnis von Monte Carlo vergessen zu machen. Dort hatte es nämlich kurz zuvor nur Platz 30 und 31 für Böhringer/Socher und Ott/Knoll gegeben, als Trostpflaster aller-

◀ Als der Le-Mans-Start noch nicht zu gefährlich war: beim 24-Stunden-Rennen in Spa 1964 machen sich auf den Weg außer der Mercedes-Riege Citroën, Lancia und BMW

Mit Schwung über aufgetaute Straßen bei der Rallye Monte Carlo, Ott/Knoll im harten Einsatz

dings den Klassensieg. Eine Handicap-Regelung hatte die großen Fahrzeuge stark benachteiligt, das Siegesauto war ein kleiner französischer Panhard.

Also dann eben nach Afrika, hieß es für eine Gruppe von 16 Journalisten Ende Januar. Wie ihre Berichte zeigen, wurde diese von Mercedes und dem Mitveranstalter Shell Algerie finanzierte Reise zu einem tiefen Erlebnis. Zu jener Zeit lag Afrika dem Europäer ferner als einige Jahrzehnte später. Charterangebote für den Schwarzen Kontinent gab es keine, andererseits war der Nord-Süd-Konflikt auch noch kein Thema. Afrika hatte also sehr viel Geheimnisvolles an sich für den Europäer, natürlich auch für die Teilnehmer. Rennleiter Karl Kling hatte die Rallye schon zwei Jahre zuvor gewonnen, verfügte also über Afrika-Erfahrung. Diesmal im 220 SE unterwegs, spielte er seine Überlegenheit und die seines Autos genau an der richtigen Stelle aus: Auf zwei Etappen gab es für hohe Durchschnittsgeschwindigkeiten Gutpunkte, dort legte Kling den Grundstein zum Sieg, nachdem vorher Teamkamerad Bartscherer aus Köln die besten Zeiten gefahren hatte. Mit dem Fernsehreporter und späteren ZDF-Sportstudiomoderator Rainer Günzler auf dem Beifahrersitz fegte Kling in durchschnittlich 120,4 Kilometern in der Stunde durch die Wüste. Da staunte nicht nur pflichtgemäß der Daimler-Benz-Pressesprecher, sondern alle, die sich mit dem Motorsport befaßten. Zweiter wurde im zweiten 220 SE der Römer Sergio Bettoja, obwohl er während der 16tägigen Veranstaltung von einer Stirnhöhlenvereiterung geplagt wurde. Klar geschlagen kam die Hauptkonkurrenz von Mercedes auf den Rallyepisten, die Citroën ID 19, in Afrika mit den Fahrern Paul Frère und Olivier Gendebien, auf die Ränge drei und vier. Ein dritter Mercedes unter May/Riviere wurde Fünfter. Bartscherer stoppte eine gerissenen Ölwanne, mit riesiger Verspätung und außerhalb der Wertung erreichte er doch noch Algier. Ganz groß auch in Afrika die Auto Union 1000 mit den

Eugen Böhringer und der alte Nürburgring gehörten zusammen. Hier beim 6-Stundenrennen 1963.

Plätzen sechs, acht und neun, wie der Pressebericht des für die Auto Union mitverantwortlichen Hauses stolz vermerkt.

In Afrika gab es im selben Frühjahr noch einmal Grund zum Jubel. Die East African Safari fiel ebenfalls an Mercedes, wieder im Doppelsieg, diesmal allerdings nicht errungen mit Werkswagen. Die Mercedes-Vertretung in Nairobi hatte in Untertürkheim vergeblich um massive Unterstützung gebeten und dann schließlich aus eigener Kraft drei Wagen an den Start gebracht, darunter einen alten 220er, einen 190er und einen neuen 220 SE. Aus Stuttgart waren allerdings einige Spezialteile geschickt worden. Mit Bedauern mußte der Geschäftsführer der D.T. Dobie & Company in Nairobi, J.P.W. Heather-Hayes, dem Mutterhaus in Stuttgart mitteilen, daß es zwar einen Sieg, aber einen mit dem falschen Auto gegeben hatte. Es gewannen nämlich Manussis/ Colderidge/Beckett auf dem alten 220 vor Fritschy/ Mandeville auf dem 220 SEb, die Besatzung des 190 wurde Neunte. 38 von 77 Fahrzeugen kamen ins Ziel.

Die von Untertürkheim zur Verfügung gestellten Verstärkungen von Aufhängungsteilen waren durch das Reglement verboten, daher trat während der Rallye prompt das ein, was man schon befürchtet hatte: In Dar-es-Salaam hatten die hinteren Stoßdämpferdome zu reißen begonnen. Es wurde geschweißt, immer wieder geschweißt, letztlich mit Erfolg. Hier hätten die Teile aus Stuttgart, in europäischen Rallyes immer eingesetzt, sicher besser geholfen. Die Spezialstoßdämpfer aus Deutschland hielten dagegen hervorragend, wie Heather-Hayes dem Werk berichtete. Schließlich gab es noch Ärger mit der Kupplung, ein Freilauflager hatte sich festgefressen. Fritschy fand den Weg ins Ziel auch ohne Kupplung, genügend Zeit zum Reparieren ließ das Reglement nicht zu. Kurios war ein am Rücksitz befestigter Zusatztank. Er half nicht nur bei der Kraftstoffversorgung, sondern auch bei der Gewichtsverteilung. „Ansonsten kam der Wagen in bester Verfassung ins Ziel“, schließt der Bericht aus Afrika.

Auch in Europa wurden weiter Rallyes gefahren. Auf den

ganz großen Erfolg mußte Eugen Böhringer, zu dieser Zeit am häufigsten in Werkswagen unterwegs, allerdings bis zur Polen-Rallye warten. Vor diesem Sieg gab es einen vierten Platz bei der Tulpen-Rallye, ebenso bei der Rallye Akropolis (Klassensieg) und einen 15. beim Coupe des Alpes.

Ärger hatte der schnelle Hotelier aus Stuttgart bei der Milli Miglia. Aus formalistischen Gründen wurde ihm die Starterlaubnis verweigert, nach Meinung des Veranstalters fehlte es an technischen Unterlagen. Eugen Böhringer witterte böse Absicht der italienischen Funktionäre, denn andere Mercedes des selben Typs durften passieren. Einen Ausfall mußten Böhringer/Socher in Schweden bei der Rallye Mitternacht beklagen. Den Sieg in Polen holte übrigens ein illustres Paar: Böhringer/Aaltonen hieß die klangvolle Kombination. In seiner Heimat Finnland gewann Aaltonen zusammen mit Nurmian die 1000-Seen-Rallye auf dem 220 SE, Böhringer hatte auf die Reise verzichtet, weil er befürchten mußte, wegen des Unfalls aus dem Vorjahr behelligt zu werden.

Rauno Aaltonen hat sicher viele wertvolle und lukrative Ehrenpreise und Gagen in seiner langen Laufbahn bekommen, der Brief aus Stuttgart vom 28. August 1961 wird ihn trotzdem gefreut haben: „Bestätigung: Hiermit wird bestätigt, daß Herr Direktor Aaltonen, Turku/Finnland, von der Sportabteilung der Daimler-Benz AG in Stuttgart-Untertürkheim für seine hervorragende Leistung bei der Rallye der 1000 Seen 6 Reifen mit Felgen, 6,50 x 15 sowie 25 Radmuttern als Ehrenpreis geschenkt bekommt." Na bitte!

Bei Lüttich/Sofia/Lüttich saßen die beiden Stars wieder in einem Auto. Ein Beleg dafür, daß bei den früheren Langstreckenrallyes ohne ausgeprägten Sonderprüfungscharakter zwei Fahrer und nicht ein Fahrer und ein Navigator eingesetzt wurden. Bei dieser Rallye gab es einen ernsten Schaden an dem sonst so zuverlässigen 220 SE zu vermelden: die Konsole des Querträgers an der Hinterachse brach und blockierte so einen besseren Platz. Wie hart die Fahrt war, zeigte die geringe Zahl von nur acht im Ziel angekommenen Autos.

Eine Seltenheit: Mercedes-Limousine beim Bergrennen, hier beim Wallbergrennen 1962 in Österreich

Heckflosse bullig: auch als Sportinstrument hat der Wagen nichts von seiner Faszination verloren

Bei der Deutschland-Rallye steuerten Böhringer/Aaltonen den Wagen auf Platz zwei, es gewannen hier Hans-Joachim Walter und Hans Wencher auf Porsche Carrera, und Andersson/Karlsson im Volvo P 544 wurden Dritte. Inzwischen waren die Chancen von Böhringer/Aaltonen auf den Gewinn der Europameisterschaft wieder gewachsen. Es wurde schließlich in der Endabrechnung ein zweiter Platz daraus. Dafür zählte der Gewinn der amerikanischen Rallyemeisterschaft zur Bilanz 1961. Wenn auch in den USA die Rundstreckenrennen schon immer mehr zählten als die Rallyes, war es doch eine wichtige Stütze der Exportbemühungen in diesem Markt.

Auf der Rundstrecke ging es vorsichtig weiter. Beim zweiten Sechs-Stunden-Rennen auf dem Nürburgring kamen Golderer/Werner diesmal nur auf Platz zwei, Lindner/Nöcker hatten eines der unvergessenen Duelle zwischen Mercedes und Jaguar für sich entschieden.

Klassensiege konnte es bei Bergrennen schon einmal geben für Mercedes, mehr in der Regel nicht. Ein interner Bericht der Versuchsabteilung an Sportleiter von Korff berichtet vom Bergrennen in Schorndorf unter anderem: „Wie aus den beiliegenden Zeiten ersichtlich ist, waren die kleinen BMW 700 so schnell wie ein 220 SE. In der beobachteten Kurve sind wirklich gut gelegen die BMW 700 und der 300 SL, der jedoch ohne Mumm aus der Bergkurve herauskam, weil er zu schwer ist… Die 220 SE Mercedes gingen neutral, waren jedoch vorne viel zu weich, d.h., sie wankten durch die Kurve. Für solche Zwecke müßten eine härtere Vorderfederung und Sport-Stoßdämpfer eingebaut werden." Die Chancenlosigkeit im Gesamtklassement gegenüber kleineren Fahrzeugen machte die Bergrennen uninteressant für Mercedes, wie einige Jahre später ja auch die Tourenwagenrennen. Böhringer war auch bei Bergrennen am Start, in Schorndorf allerdings auf dem 300 SL, und gewann seine Klasse. Auch ein 220 SE holte den Klassensieg in Schorndorf, Peter Hamann aus München war der Fahrer.

1962

Nach dem Ehrenplatz hinter dem Europameister sollte es 1962 wieder den Rallyetitel für Mercedes geben. Eugen Böhringer fuhr von Anfang an um Platz eins im Championat, hart bedrängt vom berühmten Schweden Eric Carlsson auf dem nicht minder berühmten Zweitakt-Saab. Beim Auftakt in Monte-Carlo konnte Carlsson die Vorteile des Leichtgewichts und der Wendigkeit seines Autos voll ausspielen, trotz einer imposanten Aufholjagd im Schlußrennen durch Monte-Carlo schaffte es Böhringer nicht, Carlsson von Platz eins zu verdrängen. Damals setzte ein Rundstreckenrennen durch die Stadt den Schlußpunkt, jeweils zwei Fahrzeuge wurden per Los an den Start geschickt, ausgerechnet Böhringer und Carlsson waren dann gemeinsam auf der Strecke. Von 45 Sekunden Vorsprung aus den Sonderprüfungen zuvor rettete der Schwede die Hälfte ins Ziel. Spannender geht es nicht. Dieser zweite Rang von Böhringer war aber auch ein schöner Erfolg, vervollständigt durch Platz zwei in der Mannschaftswertung. Kühne/Wechner wurden Achte, Ott/Knoll 15.

Bei der Tulpen-Rallye gab es nur einen siebenten Platz für Böhringer/Lang, aber auch Carlsson war kaum erfolgreicher. Er holte in den Niederlanden 14 Punkte, Böhringer 12. Siegerin war übrigens Pat Moss auf dem Mini Cooper S. Ein neuer Stern unter den Rallyewagen begann zu leuchten…

Böhringers Stunde schlug bei der Rallye Akropolis. Gesamtsieg vor Carlsson, das gab nach der damaligen Wertung 28 Punkte für den Stuttgarter, 24 für den Schweden. In ihrer Klasse feierten die 220 SE sogar einen Vierfachsieg, die Privatfahrer Georg Harries/Pascal Ickx kamen auf Platz zwei (insgesamt Platz fünf), das Werksteam Ewy Rosqvist/Ursula Wirth wurde Dritter, die belgischen Privatfahrer Ophen/Jacques Patte Vierte. Hermann Kühne/Hans Wencher im dritten Werkswagen fielen wegen eines Querlenkerbruchs an der Vorderachse aus.

Eine besondere Leistung vollbrachte Böhringer beim nächsten Lauf in Schweden. Zwar wurde er nur Fünfter und sein Rivale Carlsson Dritter, er war aber mit Abstand der beste Mitteleuropäer, und das will in dieser skandinavischen Hochburg des Rallye-Sports etwas heißen. Der Sieger in Schweden, Bengt Söderström, fuhr Mini Cooper. 20 Punkte kassierte Böhringer, 25 Carlsson, der Rückstand war wieder angewachsen.

Eine erste Vorentscheidung fiel bei der Polen-Rallye. Carlsson ging leer aus, Böhringer gewann, diese 28:0-Wertung brachte ihn klar in Führung. Die Punkte waren besonders wichtig, weil Böhringer auf den Start in Finn-

E. Böhringer und R. Altonen – Sieger der Polen-Rallye 1961

Mercedes auf Erfolgskurs: W. Schock bei der Rallye Akropolis 1960

land wegen des Unfalls von vor zwei Jahren verzichtete, also von vorneherein ein unfreiwilliges Streichresultat nahm (offizielle Streichresultate gab es seinerzeit noch nicht). Pat Moss wurde auf einem Austin Healey Zweite vor Kühne/Wencher auf dem zweiten Werks-Mercedes. Rosqvist/Wirth mußten sich mit Platz sieben begnügen. Rallyes in Osteuropa machten damals noch deutsch-deutsche Begegnungen möglich. Das Wartburg-Team aus der DDR konnte bei dieser Rallye mit dem vierten Gesamtrang von Otto/Hanf einen seiner größten Erfolge feiern.

Dem überzeugenden Auftritt in Polen folgte für das Mercedes-Team in Finnland ein Reinfall ohnegleichen. Kühne/Lang landeten auf Platz 24, Rosqvist/Wirth auf Platz 21, gewannen aber immerhin den Damenpokal. In einem Schreiben an den AvD berichtete Daimler-Benz von haarsträubenden Unregelmäßigkeiten bei der Zeitnahme, Benachteiligungen der deutschen Teilnehmer und deutschfeindlichen Äußerungen des Veranstalters. Offenbar war es eine sehr unerfreuliche Reise in den hohen Norden. Sieger wurde Toivonen auf Citroën vor Keinänen (Skoda) und Carlsson auf seinem Saab.

Nach dieser Rallye war Gleichstand zwischen Böhringer und Carlsson. So wurde die berühmte Fernfahrt Spa—Sofia—Lüttich zur Entscheidung. Carlsson fiel aus, ebenso wie Trautmann und Gendebien (Citroën); Böhringer aber setzte sich auf der sehr schwierigen Rückfahrt von Sofia souverän durch. Sein 220 SE hatte diesmal einen aufgebohrten Motor (2467 ccm). Rosqvist/Wirth wurden Zwölfte in der Gesamtwertung und Zweite in der Damenwertung. Vier Reifenpannen in Folge hatten sie vom vierten Platz, den sie bis in das letzte Drittel der Fahrt hielten, verdrängt.

Für das Heimspiel, die Deutschland-Rallye ab Baden-Baden, stimmte die Presseabteilung die Fachpresse schon auf die Siegesfeier ein. 28 Punkte Vorsprung waren es immerhin, und im eigenen Land waren ebenfalls welche eingeplant. Mit dem zweiten Platz hinter Pat Moss auf dem Mini Cooper wurden es so viele, daß Eugen Böhringer und Peter Lang praktisch nicht mehr einzuholen waren. Der zweite Europameistertitel auf dem 220 SE war gesichert.

Bemerkenswert aus diesem Rallye-Jahr ist außerdem die Teilnahme an der Ost-Afrika-Safari. Erfolgreich war sie allerdings nicht, der zehnte Platz der kenianischen Privatfahrer D.L. Lead/W.J. Caldwell waren die beste Plazierung, die Werksmannschaft mit Aaltonen und Böhringer fiel aus.

1963

Wenn die Monte Carlo eine echte Winterrallye ist, haben die Großen wenig Chancen gegen die Kleinen. Das bewies zum zweiten Mal in Folge der legendäre Carlsson auf seinem Zweitakt-Saab, er gewann souverän; für die Werksmannschaft von Mercedes blieben nur hintere Plätze in der Gesamtwertung. Ihre Klasse beherrschten Böhringer/Lang, Vilkas/Vainola und Rosqvist/Wirth jedoch sicher, den ersten drei Plätzen in dieser Reihenfolge fügten Knoll/Kreder noch einen fünften hinzu, Vierter war ein Ford Zodiac. Das positive Ereignis für Daimler-Benz war deshalb nicht der Klassensieg, sondern der sonst nicht so sehr betonte Gewinn des Damenpokals durch Ewy Rosqvist. Dramatisch ging es zu, bis die schnelle Schwedin den Cup in der Hand halten konnte; unmittelbar vor dem Start zur letzten und entscheidenden Schleife in Monte Carlo wurde sie von einem schleudernden Rallye-Wagen verletzt. Der Rennarzt verbot ihr den Start und kein Geringerer als Altmeister Louis Chiron, hier als Rennleiter eingesetzt, nahm Rosqvists Start ritterlich auf seine Kappe. Es klappte, sie fuhr zwar, von Schmerzen geplagt, langsam, aber sie fuhr, und da ihre Hauptkonkurrentin auf einem Volvo nervös wurde und sich einen Dreher leistete, langte es am Ende tatsächlich zum Pokalgewinn.

Schöne Rallyezeiten gab es für Mercedes dann wieder einmal bei der Akropolis. Böhringer/Knoll, jetzt erstmals mit dem 300 SE am Start, gewannen, es folgten zwei Volvos und unter anderen der junge Dieter Glemser — in den siebziger Jahren als mehrfacher Deutscher Rennsportmeister bekannt geworden — auf Rang fünf. Ewy Rosqvist wurde zwar nur Zwölfte, schaffte aber den dritten Platz der Klasse. Der Sieg in Griechenland war der erste große Erfolg des 300 SE, eine kleine Wachablösung hatte also stattgefunden.

Der nächste Sieg des Spitzenmodells folgte bei der Deutschland-Rallye, Böhringer/Kaiser kamen vor Glemser/Braungart und den Vierten Gerhards/Henneke ins Ziel. Nach Polen fuhr die Sportabteilung von Daimler-Benz immer gern, in diesem Jahr gewannen Glemser/Braungart, hier aber noch auf einem 220 SE. Böhringer/Kaiser und Rosqvist/Falk schieden durch Unfall aus.

Hatte schon der Einsatz des 300 SE in Griechenland die kleine Wachablösung angezeigt, so zeichnete sich bei der Rallye Spa—Sofia—Lüttich eine weitere, noch mehr in die Zukunft weisende, ab: Sensationell gewann Eugen Böhringer diese Fahrt auf dem nagelneuen 230 SL. Auch wenn es der einzige große Rennerfolg dieses Wagens blieb, bewies er doch, welchem Auto die Motorsportzukunft gehören würde, oder, besser gesagt, könnte. Innerlich hatte man aber in Untertürkheim wohl schon etwas Abstand vom Motorsport genommen, es wurde nichts aus einer möglichen Rallyekarriere des 230 SL. Noch aber liefen die Limousinen 220 SE und 300 SE, und ein neuer Triumph in Argentinien stand ja erst noch bevor. Eine weitere Rallye-Plazierung aus diesem Jahr: Ewy Rosqvist wurde bei der Tulpen-Rallye in den Niederlanden Sechste. Sieben Mercedes waren bei der Tour d'Europe am Start, zwei schieden durch Unfall aus, Kreder/Springer als Zweite und Kling/Katz als Dritte des

Beim ATS-6-Stundenrennen 1960 auf dem Nürburgring hält Golderer mit seinem 220 SE zum Tanken an den Boxen

Gesamklassements (hinter Burkhard/Zertani auf einem Ford 17 M, bei dieser Tour galten andere Gesetze als bei den üblichen Rallyes) holten die besten Plazierungen neben dem Klassensieg heraus.

Von Sieg zu Sieg eilte Mercedes keineswegs in jener Saison. Beim Coupes des Alpes gab es sogar einen Totalausfall aller drei eingesetzten Fahrzeuge. Beim 300 SE von Böhringer brachte eine Ventilnachstellschraube das Ende, ihre Kontermutter löste sich und fiel über den Kettenantrieb ins Untergehäuse und beschädigte dabei den Kettenspanner. Rosqvist/Wirth wurden von einem Lichtmaschinenschaden gestoppt, Glemser/Wencher kam auf einer der ersten Sonderprüfungen ein Fahrzeug entgegen – aus.

Immer wichtiger wurden die Tourenwagen-Rennen. Schon in Japan gab es im Frühjahr einen bemerkenswerten Einsatz des 300 SE, organisiert von Japan-Vertreter Western Automobile Ltd. in Tokio. W.E. Barrett steuerte den Wagen, und zwar in der Sportwagenklasse über 2500 ccm, weil bei dem „Japan GP" genannten Rennen nicht in allen Klassen genügend Tourenwagen am Start waren. Er hatte es dabei mit fünf Jaguar und zwei Austin Healey 3000 zu tun. Der Amerikaner wurde Zweiter und machte, wie die Niederlassung nach Untertürkheim berichtete, „eine sehr gute Reklame für Mercedes-Benz". Der japanische Markt freilich war um jene Zeit eher eine exotische Angelegenheit als das Objekt konkreter Exportbemühungen.

Den Tourenwagenhöhepunkt bot wieder einmal der Nürburgring. Daimler-Benz war mit drei Teams zum Sechs-Stunden-Rennen erschienen: Böhringer/Glemser, Waxenberger/Lang und Rosqvist/Wirth/Mahle. Die sechs Stunden waren ereignisreich. In der dritten Runde hatte Böhringer an seinem 300 SE einen Reifenschaden, er wechselte – typisch Nürburgring-Nordschleife, der Weg zu den Boxen ist meist weit – auf der Strecke und verlor dabei fast sieben Minuten. Diese nutzte Dauerrivale Peter Lindner auf seinem Jaguar zur Führung, Böhringer kam im Verlaufe der langen Restzeit noch auf zweieinhalb Minuten heran, mehr war nicht drin. Platz zwei also für Böhringer/Glemser, Waxenberger/Lang wurden Dritte, Rosqvist gewann mit ihrer Mannschaft auf dem 220 SE immerhin noch ihre Klasse. Stolz vermerkt der Bericht von Karl Kling an Dr. Nallinger, daß

Straßenrennen in Argentinien, Ausgabe 1964: Hans Herrmann auf dem 300 SE

Tempo, Tempo, ... Eugen Böhringer läßt seinen 300 SE laufen. Eine Szene aus Argentinien 1963

die Mercedes den siegreichen Jaguar trotz geringerer Leistung dank einer besseren Straßenlage in Schach halten konnten. Allein die Reifenpanne verhinderte den Sieg. Gerade diese Rennen auf dieser Strecke – und auch der Zweikampf Jaguar gegen Mercedes, in den späten achtziger Jahren auf dem Sportwagensektor fortgesetzt – machten den Tourenwagensport seinerzeit populär. Für den 300 SE zeigten sich aber hier schon die Grenzen, denn nicht auf jeder Strecke läßt sich durch gute Straßenlage zu wenig Leistung wettmachen.

1964

Eine solche Schlagzeile war man in Untertürkheim nicht gewohnt: „Warum gewann Mercedes nicht?" fragte „auto, motor und sport", und das auch noch auf der Titelseite. Bei der Rallye Monte Carlo war die Werksmannschaft deutlich ins Hintertreffen geraten, Eugen Böhringer hatte den 300 SE trotz seines vorbildlichen Einsatzes – dieselbe Zeitschrift nennt ihn in einem Kommentar zum Geschehen in Monaco einen „Fangio des Rallyesports" – nur auf Platz acht bringen können. „Mercedes wollte in Monte Carlo gewinnen. Aber Mercedes konnte nicht gewinnen. Die Wagen der Konkurrenz waren entweder stärker oder leichter oder beides." Schlagzeilenartig brachte das renommierte Blatt das ganze Dilemma der Mercedes dem Leser nahe. Bei Rallyes auf Winterstraßen (und auf Asphalt) waren sie ohne Chance. Noch deutlicher als im Vorjahr setzten sich die Kleinen durch, es begann in jenem Jahr die berühmt gewordene Monte-Carlo-Siegesserie der Mini Cooper, Hopkirk/Liddon hießen die Gewinner. Auf den zweiten Platz – und das war schon recht unangenehm für Daimler-Benz – lief ein Ford Falcon ein, gefahren von den Schweden Ljungfeldt/Sager. Das war kein kleiner Wagen, ganz im Gegenteil, aber er kam mit 480 Kilogramm weniger und um 160 PS mehr auf die Startrampe als der 300 SE. Nicht einmal der Klassensieg war gegen die neue Konkurrenz aus den USA zu holen, jedenfalls nicht in Monte Carlo. (Die Konkurrenz aus den USA zog sich dann schnell zurück, es blieb bei einem kurzen Auftritt der Amerikaner in der europäischen Rallyeszene.). „auto, motor und sport" drückte Mercedes trotz allem die Daumen: „Mercedes hat also – ein Novum in der Sportgeschichte dieses Werkes – wegen technischer Unterlegenheit nicht gewonnen. In weiteren großen Rallyes und Tourenwagenrennen dieses Jahres wird es nicht viel anders sein, wenn man sich nicht zurückzieht. Das Zurückziehen sähe aber in diesem Falle nicht so gut aus wie nach den Siegesserien der Grand-Prix-Zeit. Sportlicher wäre das Weitermachen – es sind ja schließlich noch nicht alle Möglichkeiten ausgeschöpft. Was eine kleine Firma wie Saab kann, das wird Daimler-Benz auch können."

Das Sportjahr 1964 wurde dann nicht so schlimm wie die Zeitschrift voraussagte. Aber, die Rallye Monte Carlo

Kurze Rast bei der Rallye Akropolis 1963

war ein Warnzeichen, dessen es eigentlich gar nicht mehr bedurfte. In Untertürkheim diskutierte man bereits den Rückzug, und gerade ein solcher Mißerfolg gab den Befürwortern recht. Acht Monate später jedenfalls schrieb Karl Kling an Graf M. Clary in den USA, der nach einer Werksteilnahme am Tourenwagenrennen in Sebring 1965 gefragt hatte: „Zu diesem Thema will ich Ihnen ganz klaren Wein einschenken. Es kann sein, daß wir im nächsten Jahr pausieren. Dies ist aber noch nicht ganz entschieden. Jedoch werden wir auch dann noch die eine oder andere Veranstaltung bestreiten, und zwar denke ich vor allem an die Ostafrika-Safari, die zur gleichen Zeit wie das Rennen in Sebring stattfindet... Wir beabsichtigen generell nur noch solche Veranstaltungen zu bestreiten, bei denen nicht das Leistungsgewicht ausschlaggebend ist, sondern Straßenlage und Durchstehvermögen des Fahrzeuges, und die gemischte Streckenverhältnisse aufweisen, also gute und geländeartige Strecken wie z.B. in Argentinien. Ford Cortina Lotus sowie der heutige BMW TI Super sind auf bestimmten Strecken schneller als wir. Wir könnten es uns in Sebring auf keinen Fall erlauben, von kleineren Fahrzeugen geschlagen zu werden..."

Selbst in Griechenland, wo es so oft so schöne Erfolge gegeben hatte, klappte es nicht. Böhringer hatte Pech und mußte wegen eines Kurzschlusses in der Elektroanlage aufgeben. Die Kastanien holten Erich Waxenberger und Klaus Kaiser aus dem Feuer. Mit einem leistungsgesteigerten 220 SE Spezial aus der Versuchsabteilung – er hatte keine Tourenwagenhomologation – kamen sie immerhin auf Platz vier im Gesamtklassement und zum Sieg in der GT-Kategorie. Ewy Rosqvist/Eva-Maria Falk wurden mit dem bisherigen 220 SE Fünfte in der Gesamtwertung.

Platz Sechs erntete die Schwedin – nach ihrer Heirat mit Baron Korff aus der Sportabteilung jetzt mit Doppelnamen antretend – bei Spa–Sofia–Lüttich, einer Veranstaltung, die den Wagen eigentlich lag. Böhringer/Kaiser waren wieder im 230 SL unterwegs und wurden Dritte. Sieger wurde der frühere Mercedes-Pilot Rauno Aaltonen im Austin Healey 3000. In Portugal hatte es zuvor einen dreifachen Klassensieg durch Glemser/Lang, Böhringer/Kaiser und von Rosqvist-Korff/Falk gegeben, letztere im 220 SE.

Erwähnenswert sind noch drei Rallyes weit weg von Europa: bei der 12. Ostafrika-Safari Platz vier durch Cordwell/Lead und Platz sieben durch Coniglio, die Shell-Car-Rallye auf den Philippinen holte das einheimische Team Francisco Ventuar/Ricardo Consunji jr./Eddie Lachica, und bei der Iran-Rallye schließlich, einer schwach besetzten Veranstaltung, fiel der einzige Mercedes aus.

Anders als bei den Rallyes hatte Mercedes bei den Tourenwagenrennen ein sehr gutes Jahr, eigentlich wider Erwarten. Gesamtsiege beim 24-Stunden-Rennen in Spa-Francorchamps und beim Sechs-Stunden-Rennen auf dem Nürburgring forderten der Konkurrenz Respekt ab. Um den Europapokal für Tourenwagen bewarb das Werk sich nicht, er war auch nicht allzu attraktiv, da er in der Wertung nach Klassensiegen entschieden wurde und nicht nach dem Gesamtklassement.

Den Auftakt in der Reihe guter Tourenwagenergebnisse machte der dritte Platz beim Sechs-Stunden-Rennen in Brands-Hatch von Eugen Böhringer/Herbert Linge. Unnötig lange Boxenstopps verhinderten eine bessere Plazierung, es gewann Sir John Whitmore auf Lotus-Ford Cortina. Herrmann/Lang wurden Vierte. Neu an den 300 SE waren große Lufteinlässe im Kotflügel zwischen Radausschnitt und Türansatz.

Zum Bedauern der Zuschauer am Nürburgring konnte das Sechs-Stunden-Rennen keine Fortsetzung des herrlichen Duells Jaguar gegen Mercedes beziehungsweise Lindner gegen Böhringer bieten. Die Jaguar-Spezialisten fuhren zur selben Zeit in Le Mans mit einem Leichtmetall-Coupé. Böhringer wird das selbst sicher auch gestört haben, über Mangel an Konkurrenz konnte er sich aber trotzdem nicht beklagen. Ford versuchte es mit dem amerikanischen Galaxie und dem schnellen Lotus Cortina, der BMW 1800 TI schickte sich an, die Tourenwagenpisten zu erobern und auch Lancia kam, und zwar mit dem Flaminia Coupé. Der Mercedes-Erfolg wurde eine Demonstration: Start- und Zielsieg für Eugen Böhringer und Dieter Glemser, der zweitplazierte Lotus Ford Cortina von Sir John Whitmore lag eine ganze, lange Nürburgring-Runde zurück. Manfred Schiek und Alfred Kling fuhren den 220 SE auf Platz

24-Stunden-Rennen in Spa: E. Böhringer fuhr auf seinem 300 SE mit 177,296 km/h die schnellste Runde

vier und sicherten Daimler-Benz den Doppelerfolg in der Klasse bis 3000 ccm.

„Die Nacht des Eugen Böhringer", überschrieb „auto, motor und sport" seinen fünfseitigen Bericht über das 24-Stunden-Rennen von Spa-Francorchamps. Dabei war nicht etwa ein Sieg gemeint – der ging zwar an Mercedes, aber unter den Belgiern Crevits und Gosselin –, sondern eine Bravourleistung sondergleichen, verknüpft mit viel Pech. Durch Boxenstopps hatte Böhringer zweimal viel Zeit verloren, hatte mit Fabelzeiten in tiefster Nacht den Rückstand aufgeholt – seine Rallyeerfahrung kam ihm da zugute – als er, mit drei Runden Vorsprung führend, eine dreiviertel Stunde vor Schluß, an die Box kam. Die linke vordere Radnabe war gebrochen. Ersatz gab es nur in einer abgelegenen Garage, nicht an der Box. Die Folge war Disqualifikation, kurz nachdem der Wagen wieder im Rennen war. Gut, daß die beiden Belgier hinter Böhringer lagen, wenigstens der Mercedes-Sieg wurde gerettet, wenn auch der moralische Sieger leer ausging.

Die Disqualifikation war regelkonform, die Mercedes-Crew hatte also damit rechnen müssen. Ausgerechnet anläßlich dieses Rennens sprach die „Stuttgarter Zeitung" von einer vorbildlichen Organisation an der Box wie in Alfred Neubauers Zeiten. Das rief den Rennleiter in Ruhe auf den Plan. In einem bissigen Brief an die Daimler-Benz AG stellte er klar: „Ich und eine Reihe anderer Rennhasen sind anderer Meinung, das war keine ‚Neubauer-Organisation.'… In der Presse stand zu lesen, daß Bremsabnützungen dazu führten, Teile aus dem ausgeschiedenen Wagen Linge/Lang zu verwenden. Das war natürlich unmöglich und nicht vereinbar mit der Bestimmung, daß defekte Teile nur mit an Bord befindlichen Mitteln oder solchen bei der Box bereitgehaltenen ersetzt werden können. In Wirklichkeit hatte der Wagen einen Radnabenbruch, was nicht vorauszusehen war. Es handelt sich also um einen überraschenden, nicht vorhersehbaren Mangel, den auch ich nicht hätte meistern können. Aber bei einem solchen schweren Ausfall auch noch von ‚Neubauer-Organisation' zu sprechen, halte ich für unrichtig."

Dieses Rennen wurde viel beachtet, obwohl es nicht zum Europapokal zählte. Es war das erste 24-Stunden-Rennen in Spa seit 1953 und hat sich später zu einem zweiten Le Mans gemausert. Schon 1964 erschienen viele Werksmannschaften. Die deutschen Firmen feierten bemerkenswerte Erfolge in jenem Jahr. Hubert Hahne und Rauno Aaltonen wurden im BMW 1800 TI Zweite sowie Klassensieger, und die Werksmannschaft von Glas gewann neben dem Klassensieg auf dem 1204 TS den begehrten Mannschaftspokal des belgischen Königs.

Eugen Böhringer ließ die gute Tourenwagensaison mit einem Sieg beim Großen Preis in Macao ausklingen. Der 300 SE hatte es 1964 der Konkurrenz noch einmal

Zwischenfall in Argentinien: Eine Taube brachte Böhringer in Gefahr

gezeigt, nicht zuletzt natürlich auch durch den erneuten Triumph in Argentinien.

1965

Was Karl Kling in dem Brief an Graf M. Clary schon angedeutet hatte, wurde wahr: 1965 war ein dünnes Sportjahr, was die Werksbeteiligung angeht. Zwei Rallyes standen noch auf dem Programm, die Akropolis und die East African Safari. In Griechenland sollte es wieder nicht so recht klappen, bester des Mercedes-Quartetts wurden Glemser/Braungart als Fünfte. Sie fuhren einen 230 SL. Nur zehn von 85 Startern kamen ins Ziel, zu den Ausfällen zählten auch die anderen drei Stern-Besatzungen Böhringer/Kaiser (300 SE) sowie die Einheimischen Hadzipanagiottis/Paitoudzis und Kiousis/Khikelis, jeweils auf 220 SE. Gestrichen war die Rallye Monte Carlo zu Beginn des Jahres, Eugen Böhringer fuhr übrigens mit, und zwar auf einem Porsche 904 GTS, und wurde Zweiter!

Da Mercedes auch auf einen Start in Argentinien verzichtet hatte, blieb die Safari-Rallye das einzige Großereignis des Jahres auf diesem Sektor. „Sehr ehrenvoll vertreten" nennt Pressechef Keser in einem Brief an Nallinger das Abschneiden der Werksmannschaft, eine feine Umschreibung der Enttäuschung darüber, daß es nicht mehr wurde. Die Engländer Sprinzel/Wilson wurden im 190 als beste Europäer Vierte, die Einheimischen Mandeville/Walker im 300 SE Sechste sowie Wilkins/Elvers im 190 Siebente. Bei den 190ern handelte es sich um privat gemeldete Wagen.

Der Sieger sollte später durch seine Erfolge in Afrika weltbekannt werden: Der in Kenia lebende Inder Singh, 1965 steuerte er einen Volvo 544.

Gute Trainingsleistungen hatten Böhringer zum Favoriten gestempelt, er konnte dieser Rolle aber nicht gerecht werden. Heimgesucht vom tropischen Regen, auf einer verschlammten Piste immer wieder von vor ihm gestarteten Wagen aufgehalten, kam er beim Versuch, Tempo zu machen, von der Strecke ab. Bis zur Bergung des 300 SE war die Karenzzeit überschritten, Ausfall. Einen Überschlag mußte der zweite 300 SE überstehen. Das Damenteam Cardwell/Anne Hall war dafür verantwortlich, Spätfolgen dieses Überschlags waren dann die Ausfallursache. Ein dritter 300 SE mit den Einheimischen Cardwell/Lead wurde von einem Fehler der Luftfederung gebremst, sie gaben schließlich auf. Der Bericht an Dr. Nallinger schließt mit dem Fazit, daß man in Afrika nur mit sehr großem Serviceaufwand gewinnen könne, was schon damals Citroën vormachte, wenn der Einsatz auch nicht die Dimension von Werkseinsätzen der siebziger und achtziger Jahre hatte. Den Hubschrauber als Einsatzleitzentrale der großen Werksmannschaften gab es 1965 noch nicht, Flugzeuge aber hatte Daimler-Benz bei den Einsätzen in Argentinien bereits eingesetzt.

Auf der Rundstrecke tauchte der 300 SE erst am Nürburgring wieder auf. Ein echter Werkswagen war es schon nicht mehr, den Werksangehöriger Manfred Schiek auf eigene Kappe, zunächst heimlich, vorbereitet hatte. Seine Mühen galten vor allem dem Motor. Er drehte um 1000 U/min höher und hatte angeblich 230 PS. Schiek und Böhringer fuhren damit Rundenzeiten wie die leichtere Konkurrenz. Das Rennen ging aus

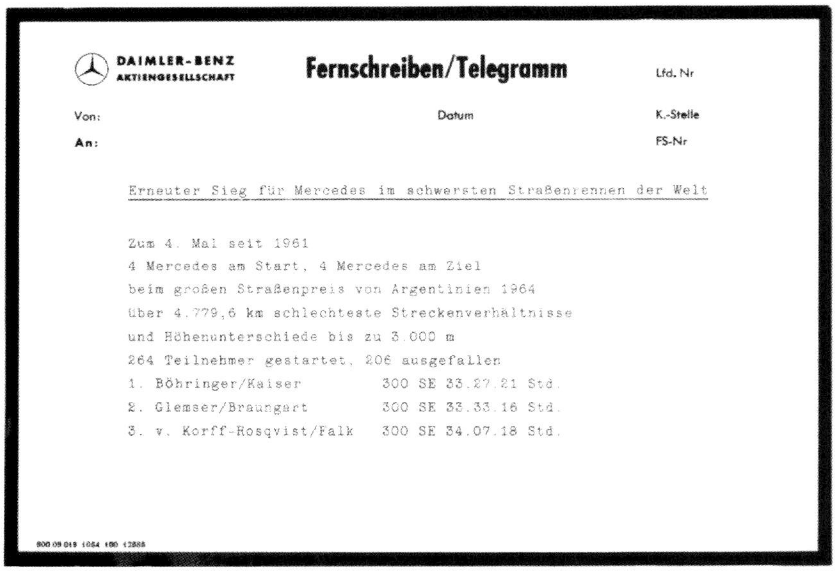

DAIMLER-BENZ AKTIENGESELLSCHAFT

Fernschreiben/Telegramm

Lfd. Nr

Von: Datum K.-Stelle

An: FS-Nr

Erneuter Sieg für Mercedes im schwersten Straßenrennen der Welt

Zum 4. Mal seit 1961
4 Mercedes am Start, 4 Mercedes am Ziel
beim großen Straßenpreis von Argentinien 1964
über 4.779,6 km schlechteste Streckenverhältnisse
und Höhenunterschiede bis zu 3.000 m
264 Teilnehmer gestartet, 206 ausgefallen
1. Böhringer/Kaiser 300 SE 33.27.21 Std.
2. Glemser/Braungart 300 SE 33.33.16 Std.
3. v. Korff-Rosqvist/Falk 300 SE 34.07.18 Std.

800 09 019 1064 100 12888

Telegramm zur Verbreitung des Ruhms (siehe folgende Seiten)

Der Mercedes-Benz 300 SE ist ein großer, sicherer und bequemer Reisewagen mit hervorragenden Fahreigenschaften.
Außerdem bewies der 300 SE beim schwersten Straßenrennen der Welt in Argentinien seine außerordentliche Leistungsfähigkeit auch als Rallye-Wagen. Unter welch schwierigen Straßen- und Witterungsbedingungen der Sieg erkämpft werden mußte zeigt sehr eindrucksvoll dieser Prospekt.

Visitenkarte des Werkes, beigelegt einem besonderen Prospekt

Eugen Böhringer und Klaus Kaiser 1964 in Argentinien vor ihrem 300 SE

wie zu Beginn des Kapitels beschrieben. Immerhin war der 300 SE noch einmal konkurrenzfähig geworden. Einen geplanten Start beim 24-Stunden-Rennen von Spa verhinderte die Hubraumlimitierung des Veranstalters auf 2500 ccm. In der Endabrechnung des Europapokals taucht Mercedes in der Kategorie der Tourenwagen über 2000 ccm nur noch in der Sonderwertung bis 3000 ccm auf, Privatfahrer hatten da 12 Punkte errungen und dem Werk zu einem zweiten Platz verholfen. In der eigentlichen Wertung sind nur Marken mit Wagen über 3000 ccm vertreten, allen voran der Ford Mustang.

300 SE in Privathand, häufig unter Manfred Schiek, gehörten noch ein paar Jahre zu den Tourenwagenfeldern am Nürburgring, als eindrucksvolle Erinnerung an gute Zeiten mit diesem Auto. Und nichts gefiel den Zuschauern zum Beispiel am Nürburgring so gut wie die Situation, in der zum Beispiel Gerhard Bodmer auf Glas 1304 TS den schweren Mercedes vor sich her jagte. Nach außen David gegen Goliath, im Kern aber ein aussichtsloser Kampf für den Goliath, zumindest auf dieser Strecke. Die lange Sportpause von Daimler-Benz hatte längst begonnen.

Der vermutlich letzte Erfolg eines Heckflossen-Mercedes wird 1968 wiederum aus Südamerika gemeldet: Im „Gran Premio de Carretera" von Peru, einem Rennen über 2695 Kilometer, errang der Peruaner Henry Bradley den Gesamtsieg auf dem Mercedes 230. Der Wagen wurde in Peru aufgebaut und hatte sich gegen eine Konkurrenz von 46 Fahrzeugen durchgesetzt.

ARGENTINIEN

Mercedes-Sieg in Argentinien, das erinnerte die Menschen an etwas, was im Jahre 1961 neun Jahre zurücklag. Damals, im Jahre 1952, war der Stern bei der berühmten Panamericana in Mexiko in den Rennsport zurückgekehrt. Es gab seinerzeit einen Gesamtsieg von Karl Kling/Hans Klenk, unter dramatischen Umständen, die kaum einer vergessen hat: Der Geier, der den beiden ins Auto geflogen war und Klenk verletzt hatte, verlieh dem Rennen und dem Sieg eine eigene Berühmtheit.

Gran Premio Internacional Standart, wie das Straßenrennen in Argentinien offiziell hieß, wies nicht mehr die Faszination dieses Sportwagenrennens in Mittelamerika auf. Es gingen Tourenwagen an den Start, Serienwagen, wie Daimler Benz in den Pressemitteilungen gern betonte, und bis Mercedes auftauchte, fehlten auch die ganz großen Namen in der Starterliste. Selbst im fernen Europa war die Idee solcher Rennen seit Mexiko nicht mehr ganz neu, hatte vom Klang des großen Abenteuers etwas eingebüßt. Aber, dieses Rennen war das letzte große Straßenrennen der Welt, kein Vergleich mit späteren Rallyes, die auf wenigen Sonderprüfungen entschieden wurden und werden (Ausnahme blieb die Ost-Afrika-Safari). Und dieser Straßenpreis von Argentinien wurde zur Triumphstrecke der 220 SE und 300 SE. Vier Starts und vier Gesamtsiege, so etwas macht populär, sowohl die Siegerautos wie auch die Veranstaltung. Es war eine Bilanz, die sich vermarkten ließ. Auf gute Straßenlage kam es an, die hatten die schnellen Limousinen, auf Ausgereiftheit und Robustheit ebenso, und langsam waren die Einspritzer ja nun auch nicht. Die speziellen Bedingungen des Gran Premio mit Straßen aller Gattungen vom Highway bis zum Geröllpfad ermöglichten Mercedes auch dann noch Siege, als bei europäischen Rallyes leichtere und stärkere Autos dem 300 SE schon den Rang abliefen. Daß die Erfolge mit großem Aufwand errungen wurden – Rennleiter Karl Kling sprach in einem internen Schreiben von 250 000 bis 300 000 DM pro Einsatz – und daß kaum ein anderes europäisches Werksteam mitmischte, ging im allgemeinen Jubel

Zieleinlauf in Arrecifes 1964: v. Korff-Rosqvist/Falk, Böhringer/Kaiser und Glemser/Braungart beenden die letzte Etappe

unter. Immerhin waren offizielle Mannschaften der argentinischen Importeure am Start, und die harten Bedingungen der Rennen waren und sind unumstritten.

Voller Respekt vor den Unwägbarkeiten dieses Motorsportereignisses ging Daimler-Benz 1961 die Sache an. Das argentinische Team Menditeguy/Domingues und die Deutschen Hans Herrmann/Rainer Günzler, Walter Schock/Manfred Schiek und Eberhard Mahle/Manfred Löffler waren angetreten, um den Klassensieg über 1600 ccm zu holen. So jedenfalls der offizielle Pressetext, der vor dem Rennen in Umlauf gebracht wurde. Er entsprach mit Sicherheit nicht der Wahrheit, zeigt aber die Angst vor der Ungewißheit. Das Ziel wurde tief gehängt, um im Falle eines Falles den Mißerfolg erklären zu können. Carlos Menditeguy hatte die Veranstaltung immerhin schon achtmal gefahren, er sollte den Europäern im Team den Weg weisen. Er tat es gleich auf der ersten Etappe sehr eindrucksvoll, in einem Schnitt von 143,339 km/h war er 6 Stunden und 1:27 Minuten unterwegs, auf Platz zwei, drei und vier liefen Herrmann, Schock und Mahle ein. Es ließ sich also gut an. Vor allem die von Rennleiter Karl Kling als gefährliche Konkurrenz eingestuften Jaguar 3,8 Liter lagen schon weit zurück.

Es sollte nicht so reibungslos weitergehen, auf der zweiten Etappe war für Menditeguy das Heimspiel schon beendet, ein Schaden am Zylinderkopf zwang ihn zur Aufgabe, der Grund war ein Materialfehler, wie sich später herausstellte. Mahle/Löffler hatten einen Unfall und waren weit zurückgefallen, nach der dritten Etappe fielen sie endgültig aus der Wertung. Also nur noch zwei Mercedes im Rennen, auf Platz drei rückte ein Studebaker vor, gefolgt von zwei Alfa Romeo. Diese zweite Etappe hatte es in sich, nicht nur für Mercedes. Fast alle der bis dahin registrierten 47 Ausfälle geschahen auf dieser Etappe. Höhen zwischen 400 und 2200 Metern, Temperaturen bis 40 Grad, dann ein Gewittersturm, da konnte man mit nur 50 Prozent Ausfall zufrieden sein. Die Durchschnittsgeschwindigkeit des Führenden unter diesen Bedingungen betrug immerhin noch 133,23 km/h!

Noch schlimmer sollte es für das Restfeld auf der vierten Etappe kommen. Paßstraßen der Anden mit Serpentinen, wie sie Europäer noch nicht gesehen hatten, verlangten Fahrern und Wagen alles ab und bevorzugten zudem leichte Autos. Zwischen Catamarca und Tucuman mußten viele Teams alle ihre Hoffnungen begraben. Alfa Romeo holte sich den Tagessieg, der Vorsprung der beiden 220 SE reichte aber bequem, diese Phase der Schwäche zu überstehen. Schock/Schiek und Herrmann/Günzler stellten auf der fünften Etappe die alte Ordnung wieder her, mit fast einer halben Stunde Vorsprung gewannen sie vor den Dritten, einer Mercury-Besatzung. 69 der 207 Gestarteten waren noch dabei. Ein Kuriosum mitten auf der Strecke: bei Rayo Cortada, 442 Kilometer nach dem Start, hatten beide Mercedes die auf die Sekunde gleiche Zeit im Gesamtklassement, nach rund 30 Wertungsstunden!

Die sechste Etappe änderte nicht mehr viel am Endklassement. In einem Gesamtdurchschnitt von 121,234 km/h gewannen Schock/Schiek, Herrmann/Günzler blieben Zweite mit einer drei Minuten und 21 Sekunden schlechteren Zeit. Der drittplazierte Alfa Romeo, eine Guiletta mit nur 1300 ccm, lag dreieinhalb Stunden zurück. Erstaunlich viele deutsche Fahrzeuge überstanden diesen Gran Premio, Borgward Isabella TS lagen auf den Plätzen sechs bis acht, Auto Union 1000 auf zwölf, 13 und 15, fünf NSU Prinz, zwei Glas Isar und ein Volkswagen hatten sich plaziert, sämtlich von Südamerikanern gefahren.

Ärger gab es für die Sportabteilung lange nach dem Rennen. Als die Einsatzfahrzeuge wieder in Stuttgart eingetroffen waren, mußte man feststellen, daß Unbekannte sie geplündert hatten. Gurte, Mittelscheinwerfer, Zusatzgeräte, Signalhörner, sogar Wischerblätter fehlten, wie Kling in einem Schreiben an die argentinische Niederlassung empört feststellte.

Der zweite Sieg beim zweiten Werkseinsatz in Argentinien war nicht nur Grund zur Freude für Daimler-Benz. Zwar konnte man die publikumswirksame Sensation eines Damenerfolges feiern, auf der anderen Seite aber stand der Tod des Fahrers Hermann Kühne. Während der zweiten Etappe war sein 220 SE mit einer Schafherde kollidiert, der Wagen hatte sich mehrfach überschlagen, Kühne war sofort tot. Sein Beifahrer, Werksmonteur Manfred Schiek, wurde schwer verletzt. Zu dieser Zeit führte bereits die Überraschungsmannschaft Ewy Rosqvist/Ursula Wirth nahezu uneinholbar. Der Schock der schlimmen Nachricht ließ sie eine Nacht lang an einer Weiterfahrt zweifeln, sie entschlossen sich dann aber doch dazu und feierten ihren größten Sieg. Bejubelt wie noch kein Team vor ihnen absolvierten sie die 4600 Kilometer in einer Durchschnittsgeschwindigkeit von 126,872 km/h, etwa fünf Kilometer schneller als Walter Schock ein Jahr zuvor, ebenfalls auf dem 220 SE. Niemand nahm jetzt noch an, der Einsatz des Damenteams sei nur ein Werbegag von Daimler-Benz gewesen, wie die argentinische Presse vor dem Rennen vermutet hatte. Die folgenden Plätze belegten zwei Volvo und Peugeot 403.

Der Sieg von Rosqvist/Wirth war zweifellos glanzvoll. Alles andere aber lief denkbar schlecht für Mercedes. Eugen Böhringer im neuen 300 SE schied schon in der ersten Etappe aus, Carlos Menditeguy wegen eines Zeitnahmefehlers nach dieser Etappe ebenfalls, und der unglückliche Kühn war schon früh sehr weit zurückgefallen. Alles lag also an der schwedischen Rallyefahrerin Ewy Rosqvist, in Europa längst zur internationalen Spitze zählend. In dem Buch „Fahrt durch die Hölle“ berichtete sie von ihrer denkwüdigen Siegesfahrt. Auch sie hatte ein schreckliches Erlebnis mit einer Schafherde, es ging glimpflich ab: „Und dann passiert es. Eine Schafherde bricht von links her hinter dem Gebüsch vor. Sechs oder sieben Tiere sind schon auf der Fahrbahn. Die Straßenmitte ist bereits blockiert. Nach rechts ausweichen kann ich nicht – dort ist der Abhang. Links stehen Bäume und das Gros der Herde. Ursula, die gerade nach vorn blickt, reißt die Arme vor das Gesicht und gibt ein unterdrücktes Stöhnen von sich... Jetzt gilt's!

Ohne zu fühlen oder zu denken packe ich mit aller Kraft das Steuerrad. Ich merke, wie sich die Finger sofort verkrampfen. Unwillkürlich ducke ich den Kopf, aber gleichzeitig gebe ich Gas...

Das ganze spielt sich in Bruchteilen einer Sekunde ab. Es gibt einen wahnsinnigen Schlag, den ich von den Fingerspitzen bis ins Rückgrat hart spüre – dann fliegt etwas Dunkles über uns hinweg – und ich kann vor Blut auf der Windschutzscheibe kaum noch etwas sehen.

Ich erinnere mich, daß die Straße hier ganz gerade verlief. Mit Gas fahre ich, das Steuer geradehaltend, weiter. Mit ist eiskalt, vom Kopf bis in die Zehenspitzen.

In dem Tempo wird das Blut auf den Scheiben beiseite getrieben, so daß ich rasch wieder etwas erkennen kann – gleichzeitig nehme ich das Gas weg und bremse mit äußerster Vorsicht etwas ab. (...)

Ursula läßt die Arme sinken. ‚Wir leben noch...', sagt sie leise."

1963

Nach dem Doppelsieg und dem einfachen Sieg folgte ein Jahr später ein Vierfacherfolg: Böhringer/Kaiser, Glemser/Braungart, beide 300 SE, Rosqvist/Wirth auf dem 220 SE und Juan Manuel Bordeu aus Argentinien mit dem 300 SE machten das Rennen unter sich aus. So reibungslos wie man bei einem Vierfachsieg annehmen könnte, verlief das Rennen jedoch nicht. Eugen Böhringer überstand auf der ersten Etappe die Schrecksekunde seines Lebens, als – fatale Parallele zu Mexiko

Die Überraschungssieger von 1962: Ewy Rosqvist und Ursula Wirth auf 220 SE haben etwas zu erzählen

Schwerer Zwischenfall auf der Schlußetappe 1963: die Bahnschranke schließt zur Unzeit, Rosqvist/Wirth räumen sie halb ab, Helfer sorgen für glimpflichen Ausgang

Ein wertvoller Prospekt, seinerzeit eigens für die Rennerfolge angefertigt. Dieses Exemplar ist sogar handsigniert von Eugen Böhringer

Mercedes-Benz
Triumph auf
300 SE
in Argentinien

Durch diese Steinwüste müssen sie komnen, und wie . . . Dieter Glemser/Martin Braungart 1964 im 300 SE auf einer Hochgebirgsetappe durch die Kordilleren

1952 – eine Taube in die Windschutzscheibe seines 300 SE knallte. Bei einer Geschwindigkeit von 200 km/h geriet der schwere Wagen von der Fahrbahn, überschlug sich, kam aber wieder auf den Rädern zum Stehen. Böhringer und sein Beifahrer flickten die geborstene Scheibe mit Leukoplast und fuhren unerschrocken weiter. Sie wurden noch Etappenzweiter hinter Bordeu.

Nur 71 von 256 Wagen erreichten das Ziel in Buenos Aires. Hinter den vier Mercedes reihten sich sechs Peugeot 403 und 404 ein, ein Auto Union 1000 wurde 15. und Klassensieger. Die gute Nachricht aus Argentinien kam gerade recht zur Präsentation des neuen 600 in den USA, wie Generaldirektor Walter Hitzinger bei der Sportlerehrung im November dankbar feststellte.

Kaum zu glauben, daß sich dieser Erfolg (fast) wiederholen ließ. Noch einmal startete Mercedes in Argentinien, und diesmal gab es einen Dreifacherfolg zu feiern. Eugen Böhringer war wieder der Schnellste, in einer Durchschnittsgeschwindigkeit von 138,053 km/h gewann er vor Glemser/Braungart und von Korff-Rosqvist/Eva-Maria Falk.

Ein vierter Werkswagen machte Schwierigkeiten; Hans Herrmann/Manfred Schiek fielen auf den letzten 250 Kilometern zurück, als der Motor des 300 SE nicht mehr die volle Leistung abgab, und überschritten um 27 Sekunden die Sollzeit der Etappe. Damit verloren sie den vierten Platz im Gesamtklassement. Alle sechs Etappen gingen an Mercedes; Böhringer gewann zwei ebenso wie von Korff-Rosqvist, Hans Herrmann und Dieter Glemser je eine. Vielbeachtet war eine Aufholjagd von Ewy von Korff-Rosqvist während der zweiten Etappe vom 15. auf den fünften Platz, nachdem ein Hinterachsschaden, verursacht durch einen Felsbrocken, eine zeitaufwendige Reparatur notwendig gemacht hatte. Der früher auch von Mercedes eingesetzte Argentinier Carlos Menditeguy startete übrigens auf einem Ford Falcon. Er schied schon auf der ersten Etappe mit Motorschaden aus.

Hinter den drei Mercedes tummelten sich im Endklassement unter den ersten Zehn drei Fiat 1500, eine Alfa Romeo Gulia, ein Chevrolet 400, ein Peugeot 403 und ein Renault. Klassensiege für deutsche Fabrikate gab es zusätzlich für die Auto Union und für Glas.

Zum zweiten Mal fiel ein Schatten auf den Glanz des Mercedes-Erfolges: bei einem Unfall eines Begleitfahrzeuges, einem 220 SE, wurde der Monteur Heinz Beisswenger tödlich verletzt.

Trotz des erneuten Triumphes fiel der Vorhang des Argentinienstückes in der Motorsportgeschichte von Daimler-Benz. Rechtzeitig, auf dem Höhepunkt, mit dem Nimbus der Unschlagbarkeit, wurden die allmählich in die Jahre gekommenen Autos zurückgezogen, in bester Erinnerung bei den Motorsportfreunden in aller Welt und bei potentiellen Kunden im eigenen Land und auf den wichtigen Exportmärkten. Ein Prospekt, nur den Sieg von 1964 behandelnd, wurde herausgegeben, ein einmaliger Vorgang bei Daimler-Benz und vermutlich auch bei anderen Firmen kaum vorgekommen. Im Ersten Deutschen Fernsehen gab es immerhin eine dreiviertelstündige Reportage nur über dieses Rennen; in einer Zeit, als der Motorsport bei den Fernsehgewaltigen noch einen schweren Stand hatte, ein bemerkenswerter Vorfall.

TECHNIK IM SPORT

Wie brave Chauffeurlimousinen wirken in der Rückbetrachtung die Sportversionen des 220 SE und 300 SE, wenn man sie mit ihren Nachfolgern auf der Rennstrecke und auf den Rallye-Pisten vergleicht. Der 300 SE aus dem Jahre 1964 verfügte, wie Nachrechnungen ergeben haben – genaue Angaben liegen nicht vor –, über 205 bis 210 PS, als gut 23 Prozent mehr also die serienmäßigen 170 PS. Erreicht wurde dies vor allem durch die Verwendung der Direkteinspritzung aus dem 300 SL. Für die Kraftübertragung standen außerhalb der Serie ein ZF-Fünfganggetriebe oder das 300 SL-Getriebe zur Verfügung. Für einige Rennen wurde eine Hinterachsübersetzung von 1:4,42 verwendet, der Serie entsprach 1:3,92. Die lange Hinterachsübersetzung von 1:3,75, die auch dem Käufer wahlweise zur Verfügung stand, fand sich verschiedentlich in den Wettbewerbswagen wieder, etwa für die schnellen Etappen in Argentinien. Auf ganz schnellen Strecken wie in Spa konnte der 300 SE mit dieser Hinterachsübersetzung bis auf 255 km/h kommen. Die ideale Drehzahl lag bei 5500 Umdrehungen in der Minute, theoretisch waren 6000 erreichbar.

Weitere Änderungen für die Argentinien-Fahrzeuge, entnommen einem Protokoll der Sportabteilung aus dem Jahre 1964: Abschirmblech gegen Hitzestrahlung zwischen Auspuffrohr und Anlasser, Verwendung von weniger temperaturempfindlichen Anlassern der Firma Bosch, Alu-Ölkühler, Kurzschlußleitung für Ölkühler (den Autos beigelegt), beidseitig verstärkte Motorblöcke, der erhöhten Motorleistung (Direkteinspritzung) angepaßte Luftfilter, Ölmeßstab in gerader Ausführung, um eine bessere Ablesbarkeit zu erreichen.

Bei den 1964 eingesetzten 300 SE fallen große Lufteinlässe in den Kotflügeln auf. Selbstverständlich wurde für die Rennen der Tankeinfüllstutzen nach oben gelegt. Die Aluminiumtanks faßten bis zu 130 Litern (Serie zunächst 65, später 82 Liter).

Die Mercedes-Limousinen waren für Sportverhältnisse immer schwere Fahrzeuge. Nach Reduzierung der Ausstattung ließ sich nicht mehr allzuviel abspecken, rund 1400 Kilogramm wog der Wagen. Es war seinerzeit noch nicht üblich, die Autos innen bis auf das Gerippe abzubauen, der Böhringer-Wagen aus dem heutigen Museums-Fundus macht einen recht komfortablen Ein-

In altem Auto auf dem neuen Nürburgring: Rolf Stockebrand beim Oldtimer Grand-Prix 1989

druck mit Verkleidung in den Türen, Original-Armaturenbrett – durch einen Drehzahlmesser ergänzt – und mit kompletter Rückbank. Die Gewichtsfrage führte zu Reifenproblemen, mit den Serienpneus war da nicht viel anzufangen. Aus der Klemme halfen Dunlop-Racing-Reifen. Je nach Charakter der Veranstaltung wurde die normale Lenkung oder die Servolenkung eingesetzt.

Noch weniger als am 300 SE war anfangs am 220 SE für den Wettbewerb verändert. Schon früh wurden für Argentinien die Stoßdämpferaufhängungen und der Dom für die hinteren Stoßdämpferaufhängungen verstärkt. Beim Motor machten bescheidene Leistungssteigerungen den Anfang, in Feinarbeit erreicht. So hatte das Argentinien-Auto von 1962 fünf PS mehr als das von 1961, beide bewegten sich noch sehr in der Nähe der Serie. Diese Wagen hatten außerdem ein modifiziertes Fünfgang-Getriebe von ZF und die Kupplung des 300 SL.

Für die Fernfahrt Spa-Sofia-Lüttich wurde 1962 ein 220 SE aufgebohrt und hatte 2467 ccm. Die Ausschreibung erlaubte das ausdrücklich. 1964 fuhr ein solcher 220 SE spezial, noch mit dem ursprünglichen Viergang-Getriebe, bei der Rallye Akropolis.

In der zweiten Hälfte der achtziger Jahre tauchten wieder Mercedes-Heckflossen auf den Rennstrecken auf. Die Modelle waren zu Oldtimern geworden, machten und machen mit bei der Show der Stars von gestern vor großem Publikum, immerhin im Rahmen einer echten Europameisterschaft. Einer von ihnen ist Rolf Stockebrand aus Schloß-Holte. Er hat einen 300 SE von 1964 völlig neu aufgebaut auf einem Schrottauto, gleich mit dem Ziel, Rennen zu fahren. Der Wagen hat eine Straßenzulassung, kann also auch bei Rallyes eingesetzt werden. Der Motor ist ein wenig modifiziert gegenüber dem Serienaggregat, hat eine höhere Verdichtung, der Kurbeltrieb wurde erleichtert und gewuchtet. Ansonsten ist alles gleich geblieben, der Wagen leistet rund 170 PS. Allerdings hat Stockebrand die Luftfederung gegen Schraubenfedern getauscht. Stockebrand wurde mit seinem 300 SE 1988 Zweiter in seiner Klasse in der Europameisterschaftswertung, am Nürburgring feierte er Klassensiege. Alles schon mal dagewesen. Auch die Konkurrenz ist die gleiche: Jaguar, Mustang, Falcon, alle sind zurückgekommen und fahren wieder wie einst.

Aus Freude am Auto

Die Sorgen aller Oldtimerbesitzer sind, wie auch ihre Begeisterung für das Hobby, ähnlich, unabhängig davon, welcher Marke oder welchem Typ sie sich widmen. In einem Punkt aber sind die Heckflossenfreunde viel besser dran als nahezu jeder ihrer Kollegen: die Ersatzteilversorgung für alles zwischen 190 und 300 SE ist gesichert, Blech und Technik hält das Werk bereit, mit aufwendigen Nachfertigungsaktionen – in anderen Clubs alltäglicher Brauch – müssen sie sich nicht abgeben. Billig sind die Teile allerdings nicht zu haben, hohe Lagerkosten ziehen hohe Preise nach sich. Aber – und das ist das Entscheidende – es ist jedes Teil erhältlich, neu und original vom Werk. Einzig bei den Stoffen für die Innenausstattung muß Mercedes passen, hier ist aber inzwischen eine auf dieses Gebiet spezialisierte Hamburger Firma eingesprungen.

Was wird aus den Untertürkheimer Regalen am häufigsten verlangt? Es können die Achsschenkelbolzen sein, sie schlagen aus, wenn sie nicht regelmäßig abgeschmiert werden. Manchmal muß auch eine komplette Hinterachse ersetzt werden. Der Schaden macht sich durch langsam anschwellende Laufgeräusche bemerkbar. Dies ist normaler Verschleiß, die Hinterachse hat dann ihre Kilometerleistung hinter sich.

Der Rost beginnt seine schädliche Arbeit an den Türschwellern, an den hinteren Radläufen, auch an der vorderen Quertraverse und, wie bei vielen Autos, in den vor-

Dieser 300 SE lang gehörte einst Friedrich Karl Flick. Der Berliner Bernd Krohm hat ihn später ersteigert

deren Kotflügeln im Lampenbereich. Rostfraß von unten macht sich vor allem bemerkbar im Hinterachsbereich, insbesondere um die Stoßdämpfer.

Vom Motor gibt es in dieser Aufstellung nichts zu berichten, wie überhaupt die Technik generell unkompliziert ist. Das gilt allerdings nicht für die automatischen Getriebe, für die Luftfederung beim 300 SE und für dessen Alu-Motor. Hier sollten nur erfahrene Fachleute Hand anlegen.

Ein nur schwer lösbares Problem für den Heckflossenfreund ist die Reifenfrage. Originalreifen gibt es naturgemäß kaum noch, mit der Reifengröße 185 SR 14 liegt Ersatz beim Händler bereit. Auf die dazu notwendigen 14-Zoll-Felgen paßt aber die Originalradkappe nicht, man muß sich mit der Tellerradkappe behelfen. Wer viel Glück hat, kommt an Radkappen von einem Krankenwagen, für sie wurden von Anfang an 14-Zoll-Felgen verwendet.

Welchen soll man nehmen? Die für die gesamte Baureihe so typische Bandbreite vom braven Alltagsauto 190 bis zum exklusiven 300 SE Cabriolet schlägt sich natürlich auch in der Preisgestaltung des Oldtimermarktes nieder. Hier einige Beispiele von Preisen für Autos im Topzustand aus dem Sommer 1989:

190 bis 230 zwischen 11 000 und 12 000 DM, 220 ebenfalls um die 12 000, 220 S knapp um 20 000, 220 SE etwa 24 000. Hier wirkt sich nicht nur die Exklusivität aus, sondern auch die Restaurierung des Einspritzermotors. Ein 300 SE lang bewegt sich um die 40 000, das 220 Coupé um 30 000, das 300 SE Coupé um 40 000. Richtig exklusiv wird es dann bei den Cabriolets, die besten offenen 220 SE wurden zum Stichtag mit etwa 65 000, die 300 SE Cabriolet mit um die 90 000 gehandelt. Coupé und Cabriolet sind übrigens vom Werk als erhaltenswert eingestuft, das bedeutet eine langfristige Ersatzteilversorgung. Nur in geringer Stückzahl gebauten und erhaltenen Typen wird diese Ehre zuteil, die Limousinen müssen darauf wohl noch lange warten. Zum Glück für den Interessenten, dem bislang eine reiche Auswahl bleibt.

Ein Kühlergrill mit Erinnerungswert

Empfehlenswerte Einsteigerautos sind der 220 S und der 230 S, sie verkörpern äußerlich das Typische an dieser Reihe, ohne technische Probleme auszubreiten. Generell ist zu Fahrzeugen mit Servolenkung zu raten.

Trotz guter Ersatzteillage und, zumindest bei den Limousinen, ausreichendem Angebot, bleiben auch Wünsche offen. Den berühmten Koffersatz für dieses Auto – es verfügt übrigens über den größten Kofferraum aller Mercedes bis dato – kennen auch die eifrigsten Sammler fast ausschließlich nur aus dem Prospekt.

Sammlerfreude: nicht nur die Autos, auch die Accessoires faszinieren

Heckflosse und Ponton bilden eine Reihe beim Clubtreffen

CLUBLEBEN

Zur Sternfahrt einzuladen macht den Verantwortlichen der fünf in der Bundesrepublik Deutschland tätigen Mercedes-Clubs besonderen Spaß, denn im Gegensatz zu ihren vielen Kollegen in den anderen Marken verschriebenen Interessengemeinschaften können nur sie sich an einer schönen Doppelbedeutung dieses Wortes erfreuen. Aber nicht um des Wortspiels willen sind Sternfahrten mit dem Stern eine häufige Übung auf den Jahrestreffen und bei kleineren Veranstaltungen. Es ist eben das Höchste, den mühselig aufgebauten und liebevoll gepflegten Wagen praxisnah zu bewegen, für Mercedes-Freunde wie für alle anderen vom rostigen Hobby Befallenen. Und so exklusiv ist ein Mercedes-Benz aus früheren Jahren nur im Einzelfall, daß er nicht auch benutzt würde. Das Gros der Nachkriegsfahrzeuge sind sogar in sehr vielen Fällen ständig genutzte Sommerautos, für manch einen sind sie das Alltagsauto geblieben.

Folgende Clubs nehmen sich der aktiven und inaktiven Mercedes-Freunde an: der Mercedes-Veteranen-Club (MCV), der Mercedes-Benz 300 SL Club, der SL-Club Pagode, der Mercedes-Benz 190 SL Club und die IG Ponton. Die Einsatzgebiete ergeben sich meist aus der Bezeichnung; der MCV kümmert sich um die gesamte PKW-Produktion bis 1945 und um die Nachkriegstypen mit klassischer Karosserieform und Vollrahmen (170, 220 und 300). Die IG Ponton widmet sich nicht nur den Ponton-Modellen 180, 190, 219 und 220, sondern auch der Heckflossenbaureihe und allen weiteren PKWs bis zum Jahre 1980. Rund 3500 Mitglieder haben alle Clubs zusammen, darunter eine nicht geringe Zahl von Doppelmitgliedern.

In der IG Ponton finden sich 1100 Mercedes-Freunde. Rund 200 Heckflossen können sie aufbieten. Ein sehr aktiver Vorstand versorgt sie mit Informationen, vermittelt oder gibt tatkräftig Hilfe und erfreut die Mitglieder nicht zuletzt mit der professionell aufgezogenen Zeitschrift „Ponton Kurier", die viermal im Jahr erscheint. Die zeitlichen Lücken füllen die „Zwischen-Infos" des Clubs. Wie in den anderen Clubs stehen Typreferenten zur Verfügung, ausführliches statistisches Material zu den Fahrzeugen wird ausgewertet. 32 Stammtische über das ganze Land verteilt haben sich gebildet und sorgen für sichtbares Vereinsleben an der Basis.

Ein sechster Club hat sich 1986 dazugesellt. Er braucht für seine Treffen keine großen Parkplätze reservieren zu lassen. Es genügen, wenn es sein muß, ein paar Tische: der Mercedes-Benz Modellauto-Club ist eine eigenstän-

Der 220 von Dr. Joachim Preiß, aufgenommen auf dem Jahrestreffen der IG Ponton in Bremen 1989

Fertig für die Ausfahrt beim großen Clubtreffen: ein schönes Exemplar der Heckflosse

dige Einrichtung, wurde zum 100-jährigen Automobiljubiläum gegründet und machte kurze Zeit später mit einer umfassenden und bis in jedes Detail gehenden Ausstellung im Daimler-Benz-Museum in Untertürkheim auf sich aufmerksam.

Bekanntlich gibt es in der Oldtimerszene nicht nur eitel Freude, sondern hier und da auch einmal Neid und Mißachtung. Die Mercedes-Clubs gingen solchen Gefahren zum Trotz 1989 mit gutem Beispiel voran und dokumentierten Zusammenarbeit mit dem neuen MBC (Mercedes-Benz-Clubs von Deutschland)-Magazin. Auch das wurde ein Heft auf dem Niveau unabhängiger Oldtimerzeitschriften.

Außer den genannten gibt es den Verein der Heckflossenfreunde und die Mercedes-Benz Heckflossen IG. Auch hier erscheint eine gut gemachte Zeitschrift, der „Heckflossen-Rundblick".

BESUCH IN BREMEN

Historische und zukunftsträchtige Stätte in einem war der Sammelpunkt des Jahrestreffens 1989 der IG Ponton: Die Hallen der Automobilfabrik nebenan gehörten früher einmal zum Borgward-Areal und wurden vom Nach-Nachfolger Daimler-Benz unter den Aspekten der Denkmalpflege für Industriebauten äußerlich renoviert, sie beherbergen aber auch die zu diesem Termin gerade angelaufene Produktion des 300 SL bis 500 SL. Dennoch ging es trotz der Faszination dieses besonderen Autos auch beim Jahrestreffen 1989 wie in den acht bisherigen vor allem um die Veteranenfahrzeuge. Auf der Suche nach Fotomotiven für dieses Buch begegneten uns viele begeisterte Sammler, von denen hier einige, ohne Rangfolge und Wertung zufällig ausgewählt, vorgestellt seien.

Kunstvoll in der Farbabstimmung sind drei 220er Limousinen auf dem Parkplatz aufgebaut. Eine von ihnen gehört Dr. Joachim Preiß, einem 35jährigen Arzt aus Frankfurt. Er bekam die alten Mercedes praktisch in die Wiege gelegt, die Heckflosse verfolgt ihn seit Jungentagen. Der Vater war von dem Auto schon überzeugt, als es ganz aktuell war. Seinen 220 kaufte Junior Preiß einem Sammler ab, zuvor fuhren den Wagen nur zwei Besitzer trotz der 24 Jahre, die er schon hinter sich hat. Ein Fabrikant erwarb ihn 1965, im letzten Produktions-

Der 300 SE lang aus dem Bestand des Werksmuseums war Gaststar des Treffens in Bremen

monat, wohl wissend, daß er damit ein ausgereiftes, zuverlässiges Stück bekam. Ob ihm der Neue nicht gefallen hatte? Zweitbesitzer war ein Baurat a.D., er fuhr den Wagen lange und vermutlich sehr pfleglich. Dr. Preiß als Vierter im Reigen der Besitzer benutzt ihn auch im Alltag und fügt so den schon erreichten 135 000 Kilometern beständig etliche hinzu. Und wenn er die Heckflosse schont, sind er und seine Familie im Ponton unterwegs. Da braucht man wirklich keinen Stern aus der neuesten Kollektion.

Etwas ganz Seltenes hat Bernd Krohm, 43jähriger Kaufmann aus Berlin, schon mit dem Typ an sich zu bieten, den er nach Bremen chauffierte: 300 SE lang, das ist ein seltenes Stück und war zu jenem Zeitpunkt restauriert und einsatzfähig nur noch als Werkswagen zu bewundern. Diesen wunderschönen Wagen macht zusätzlich der Kraftfahrzeugbrief interessant: Erstbesitzer war das Werk und Zweitbesitzer kein Geringerer als Friedrich Karl Flick, exakt vom September 1965 bis zum Juni 1968. Für Flick war es vermutlich einer von vielen Geschäftswagen, seinerzeit gehörte er schon dem Aufsichtsrat der Daimler-Benz AG an, einen Posten, den er viele Jahre innehatte. Sammler Krohm ersteigerte den Wagen.

Sein Freund Steffen Tillner (35), ebenfalls aus Berlin, hat eine Besonderheit auf technischem Gebiet zu berichten: bei seinem 300 SE wurde 1969, vier Jahre nach Herstellung und nach Produktionseinstellung des Wagens, der Motor auf Kulanz ausgetauscht! Am guten Ruf des Hauses durfte nicht gekratzt werden, und wenn eine Maschine tatsächlich wie in diesem Fall nach 35 000 Kilometern ihren Geist aufgab, zog man die diskrete Lösung vor. 20 Jahre später hat der 300 SE 135 000 auf dem Tacho und ist in einem Top-Zustand. Die Austauschmaschine hielt also.

Klaus-Dieter Grunwaldt, 46, Kaufmann aus Dormagen, pflegt seinen Oldtimer formvollendet. Nicht nur, daß sein Coupé 220 SE einen hervorragenden Eindruck macht – es war bis dato 350 000 Kilometer mit der ersten Maschine gelaufen –, er zeigt seine Liebe zu diesem Auto auch ganz individualistisch: die Heckablage füllt ein Modell des Prunkstückes, ein kleiner Aufkleber an der Scheibe gibt die genaue Typbezeichnung an. Den

Stolz des Besitzers unterstreicht auch die reiche Plakettensammlung im Frontgrill. Immerhin sind Teilnahmen an der Jubiläumsrallye und der Berta-Benz-Fahrt dokumentiert, Veranstaltungen, zu denen Grunwaldt von Daimler-Benz eingeladen worden war.

Auch sein Auto ist eines aus den letzten Tagen einer Serie; der 220 SE wurde 1965 vom 250 SE abgelöst. Der in Grün abgesetzte Wagen hat bereits Kopfstützen und die Punkte für die Sicherheitsgurte, was eigentlich erst beim 250 in die Serie einfloß. Grunwaldt kaufte den Wagen 1979 von der Familie des Erstbesitzers und ließ ihn in den ersten zehn Jahren einmal gründlich überholen. Ganz selbstverständlich bringt er sein schönes Coupé zur Werksniederlassung, man weiß dort auch mit Veteranen pfleglich umzugehen. Das gibt es nicht bei jeder Marke.

Im Coupé war auch C. Zevenbergen, 64, Kaufmann aus Vlaardingen in den Niederlanden, angereist. Er ist einer der wenigen Teilnehmer dieses Treffens, die ihren Lieblingsmercedes (fast) von Anfang an fuhren. 1966 kaufte er das zwei Jahre alte Fahrzeug für 16 500 Gulden (nach der Preisliste kostete ein Neuer damals 23 000 Gulden). Das war nicht nur ein günstiger Kauf, es war auch ein guter Kauf, denn das Auto fährt bis heute zur größten Zufriedenheit. Lange brauchte Zevenbergen nicht viel zu investieren, als er aber 1985 systematisch zu Werke gehen ließ, kostete ihn das mehr als den Preis eines neuen Mercedes (und das, obwohl in den Niederlanden die Autos generell um ein Drittel teurer sind als in der Bundesrepublik!). Das feine Coupé war es ihm wert, und der gleichgesinnte Betrachter gibt ihm recht.

Eine Dienstreise hatte Heinz Stolle nach Bremen gemacht. Er kam als zuständiger Experte des Oldtimer-Service des Werkes in Stuttgart im 300 SE lang, einem feinen, in Silber gehaltenen Auto. Genau gesagt, machte er die Tour allerdings im Fahrerhaus eines Abschleppwagens (ein Schelm, wer Böses dabei denkt. Natürlich brauchte man das Nutzfahrzeug nur zum Transfer!). Denn das Fahrzeug aus dem Werksbestand soll noch lange halten und vor langen Strecken bewahrt werden. Auch an diesem Wagen war ständig eine Menschentraube, hier zog aber der Fahrer mehr Aufmerksamkeit auf sich als das Auto. Denn einer wie Heinz Stolle hat viel zu erzählen, Tips zu geben, Irrtümer auszuräumen.

Klasssische Formen haben gerade auch im Land des konservativen Automobilbaus ihre Anhänger: ein 300 SE-Cabriolet aus Großbritannien

Heckansichten . . .

Heckansichten . . .

Sogar in der DDR wird die Mercedes-Geschichte hochgehalten. Der abgebildete Wagen kam 1989 mit der Fluchtwelle in die Bundesrepublik

Nicht selten muß er sich bei solchen Gelegenheiten zu denselben Punkten immer wieder äußern. Zum Bestand des Werksmuseums zählen übrigens vier Fahrzeuge aus der Baureihe: ein 190, ein 230 S, der erwähnte 300 SE lang und ein Einsatzfahrzeug des Rennfahrers Eugen Böhringer, ein blauer 300 SE.
Wirklich mit einem Nutzfahrzeug war eine Familie aus Wetzlar gekommen: der 230 S als Kombi aus der belgischen IMA-Fabrik, das war die Rarität des Treffens. Kombi-Kenner hoben sich sofort ab in der Schar von Neugierigen: Sie bestaunten nicht den Wagen an sich, monierten auch nicht die des besseren Lichtes wegen eingebauten Exportscheinwerfer, sondern schritten zielstrebig auf die Heckklappe zu, öffneten sie, schauten genau nach und beglückwünschten den Besitzer zu seinem Fahrzeug. Am Rande war zu hören: nicht einen Kombi zu bekommen ist das Problem, sondern eine nicht durchgerostete Heckklappe.

ADRESSEN DER MERDCEDES-CLUBS IN DER BUNDESREPUBLIK DEUTSCHLAND (Stand Sommer 1989)

Mercedes-Veteranen-Club
Winfried Seidel
Rheingaustraße 21
6802 Ladenburg
06203/ 13507

Mercedes-Benz 190 SL Club
Peter Siech
Waldstraße 28
7519 Walzbachtal 2
07203/ 8181

Verein der Heckflossenfreunde e.V.
Horst Stümpfig
Pestalozzistraße 16
8500 Nürnberg 80
0911/31 31 72

IG Ponton-Mercedes
Dieter Ritter
Merschweg 101
4780 Lippstadt-Esbeck
02941 / 59143

SL-Club Pagode
Peter Rühl
Eppendorfer Landstraße 143
2000 Hamburg 20
040/ 475976

Mercedes-Benz Heckflossen IG
Joachim Lützenkirchen
Hauptstraße 45a
5012 Bedburg 1
02272/5787

Mercedes-Benz 300 SL Club
Robert Bayer
Münsinger Straße 66
7930 Ehingen/Donau
07391/ 6084

Mercedes-Benz Modellauto-Club
Postfach 600 303
7000 Stuttgart 60

Faszinierender Schriftzug am Heck. Für viele kommt darüber nichts mehr

Kontraste in der Heckansicht

Schlemmer-Extra

S-7168

Wie im richtigen Leben

Mercedes im Modell, das ist nicht nur eine Welt für sich, sondern eigentlich auch ein weit gefaßtes, eigenständiges Thema. Es fällt schwer, das obligatorische Modell-Kapitel eines Typenbuches nicht in den Mittelpunkt des Werkes zu rücken, so vielfältig ist die Welt der kleinen Räder mit dem Stern. Keine Marke kann naturgemäß so zahlreiche Vorbilder bieten wie Daimler-Benz, und kaum eine andere Marke hat die Hersteller der Modelle von Anfang an so fasziniert wie eben Mercedes. Seit den achtziger Jahren ist es sogar Usus, daß Mercedeswagen und das dazu gehörende Modell gleichzeitig erscheinen, es gibt Fälle, in denen die Nachbildung eher zu haben ist als das Original.

Eine bemerkenswerte Ausstellung im Werksmuseum 1988 belegte das, als 1800 Modelle der unterschiedlichsten Arten, Größen, Materialien, Funktionen, Herstellungsjahre und Anwendungsziele, kunstvoll aufgebaut vom Mercedes-Benz-Modellauto-Club, die Besucher in ihren Bann zogen. Marken- und typbezogene Modelle gibt es seit den späten dreißiger Jahren.

Allein die Heckflosse im Modell würde eine geräumige Wohnzimmervitrine füllen. Das Spektrum ist breit in jeder Beziehung. Qualität, Authentizität, technische Ausstattung und der Maßstab variieren stark. Schuco ist der große Zaubername aufwendiger Automodelle aus

Drei Limousinen von Gama in verschiedenen Maßstäben

Mikro-Racer (links) und Wendeauto von Schuco in der Seitenansicht

Erinnerungen an einen großen Namen: Schuco fasziniert noch heute

Cockpit für den kleinen Fahrer

◄ „Schlemmer-Extra" ist gestoppt, die kontrollierenden Beamten kamen in der Heckflosse. Natürlich ist auch der Lastwagen ein Mercedes (LP 315 mit Fremdaufbau)

Modell der Heckflosse ohne Heckflosse: Polizeiwagen von Huki

Polizeiwagen von Siku aus verschiedenen Modellepochen: links Spritzguß, rechts Plastik

Deutschland, seine Wirkung hat er auch nach Untergang der Firma nicht verloren. Das rote Cabriolet aus dem Jahre 1965 im Maßstab 1:20 verfügte über Uhrwerk und Gangschaltung, war robust genug zum Spielen und so gut dem Vorbild nachempfunden, daß es heute zu den gefragtesten Sammelobjekten zählt und unter 250 DM nicht zu haben ist. Seinerzeit kosteten die Wagen im Spielwarengeschäft zwischen 25 und 30 DM. Schuco agierte in vielen Maßstäben und mit immer neuen Ideen. So existierte die Heckflosse auch im Maßstab 1:43 als Wendeauto – er konnte nicht vom Tisch fallen – und als Micro-Racer. Beide waren mit Uhrwerk ausgestattet.

Gama, ein weiterer deutscher Hersteller mit gutem Ruf, ist in die Fußstapfen von Schuco getreten. Zu Zeiten der Heckflosse bot diese Firma Limousinen in drei verschiedenen Maßstäben an (1:14, 1:18 und 1:21), alle sehr gelungen und in aufwendiger Austattung. Mit Uhrwerk die eine, elektrischem Antrieb die andere, mit Fernsteuerung eine weitere, der Aufwand für solche Serien war ungeheuer groß. Die Blechteile wurden wie beim Vorbild mehrfach lackiert, verwendet wurden nur qualitätsvolle Ziehbleche, ganz wie im „richigten Leben". Billig waren die Modelle zwar nicht – sie mögen in den sechziger Jahren um die 30 DM gekostet haben – die Kalkulation muß aber trotzdem recht knapp gewesen sein, was ja die Firma Schuco schließlich die Existenz kostete. Gesuchte Modelle dieser Art können zum Ende der achtziger Jahre 600 DM wert sein.

Es hat den Anschein, als hätten erst einmal die Ingenieure gespielt, ehe sie ihr Spielzeug in die Kinderstuben entließen. Ganz sachlich und nur bierernst kann es nicht zugegangen sein in den Entwicklungsabteilungen, vor allem in den fünfziger und sechziger Jahren. Wie sonst wäre der japanische Hersteller Bandai auf die Idee gekommen, seinem roten 230er (1:22/ eigentlich ist es ein 230 S) nicht nur einen Fahrantrieb über Batterie einzubauen und echtes Licht zu ermöglichen, sondern auch folgenden Gag: das Auto hält nach kurzer Fahrt von selbst, die Haube öffnet sich langsam und arretiert in geöffnetem Zustand. Panne ist angesagt! Oder ein anderes Modell aus Japan: es ist nicht nur sehr schön und mit vielen Funktionen ausgestattet, es ist ihm auch ein Wagenheber beigelegt. Der funktioniert äußerlich wie der echte aus der Werkstatt, der Schraubenschlüssel paßt, der Reifen kann gewechselt werden. Er findet sich übrigens im aufklappbaren Kofferraum. Gestaltet ist sogar die Heckablage, der Fotoapparat ist einfach aufgemalt. Keinen Zwang legten sich japanische „Modellplaner" außerdem bei der Typenauswahl auf: Es existierte sogar ein Coupé als Taxi.

Neue Technik hat in den siebziger Jahren auch bei den Automodellen Einzug gehalten. Der über Funk ferngesteuerte Wagen war und ist eine feine Sache, andere typische Autofunktionen wie die eben beschriebenen oder das Öffnen der Türen, die Nachbildung von im Prinzip echt funktionierenden Getrieben und Motoren sind dabei auf der Strecke geblieben. Besser wurden dagegen die Ausbildung von Details und die Oberflächengestaltung (neue Bedruckungstechniken).

Immer schon reizte das Kind besonders das Spiel mit Sonderfahrzeugen. Beim Personenwagen ist das in der Regel der Polizeiwagen. Es gibt ihn als Heckflosse in vielen Versionen und in allen Größen. Das Beispiel des Modelles von Huki, einer ebenfalls inzwischen versunkenen deutschen Firma, zeigt dabei, daß der Formenbau doch nicht so einfach war. Die Heckflossen selbst nämlich sind hier ganz einfach weggelassen, das Modell wirkt deshalb aus heutiger Sicht etwas seltsam. Die meisten Kinder wird es seinerzeit nicht gestört haben.

Auch in den kleineren Maßstäben ist die Heckflosse reichlich vertreten. In 1:43 tummeln sich in einer kompletten Sammlung Tekno aus Dänemark, JRD und

Norev aus Frankreich, Polistil aus Italien, Schuco, KDN aus Polen (!), Metosul und Pilen aus Portugal, nicht zu vergessen die berühmten Firmen Matchbox und Dinky Toys. Besonders fein war eine Sonderserie von Pelen, ganz aus Chrom. Siku, ein bedeutender deutscher Hersteller, bevorzugt den Maßstab 1:43, früher in Plastik, dann in Spritzguß. Und die beliebten Kleinen in 1:87 haben nach den berühmten Wiking-Modellen aktuellen Zuwachs bekommen bei Praliné/Revell und Brekina. Diese Firma hat sogar den Kombi ins Programm aufgenommen, ihre Modelle gelten in der großen H0-Szene als besonders gelungen. Auch die spanische Firma Eko bot die Heckflosse an, ebenso Schuco in seiner Serie der kleinen Metallmodelle, Faller für seine Rennbahn und sogar Lego in der kurzen Zeit der Modellautoproduktion dieser Firma.

1989 waren noch folgende Heckflossenmodelle – zum Teil nur im besonders spezialisierten Fachhandel – zu haben: das Coupé von Pelen (ein Dauerläufer, der nie aus dem Programm gestrichen wurde) und Solido (Replica), beide in 1:43, die Limousine von MD Modeles als Bausatz des Monte-Carlo-Fahrzeuges in Kunstharz (1:43), Bausätze von Metall 43 der 190, außerdem von Metosul ein originelles Taxi, ebenfalls in 1:43, und schließlich die 1:87-Modelle von Praliné/Revell und Brekina. Beide Firmen bieten originelle Sondermodelle an, Praliné/Revell eine Staatskarosse mit Stander und Brekina einen „Alternativ-Kombi" mit dem Aufkleber „Atomkraft – nein danke". Moderne Fertigungsmethoden im Bereich dieser Plastikmodelle haben eine immer feinere Ausbildung von Details möglich gemacht, von der man in der guten alten Wiking-Zeit – Jahrzehnte gab es für den H0-Bereich allein diese Firma – nur träumen konnte. Ein schönes Beispiel ist der 190 von Brekina mit Weißwandreifen, Zweifarblackierung und Innenspiegel.

Der Clou aus Japan: ein funktionierender Wagenheber wird mitgeliefert

Krankenwagenparade: von links Matchbox, Siku, Matchbox und Brekina

Nicht nur das Modell ist Sammelgegenstand, sondern auch die Verpackung

Damit möchte man selbst als Erwachsener noch spielen (Schuco Cabriolet)

Bei diesem japanischen Modell öffnet sich die Motorhaube von selbst

Sonderserie in Chrom von Pilen

Taxi aus Portugal: 230 S von Metosul

Zwei Schuco-Spezialitäten: Wendeauto (links) und Mikro-Racer

Heckflosse mit Standarte, eine Version aus Japan

Polizeiwagen zum Aufziehen

Tabelle Modellautos (Auswahl)

Typ	Baujahr Fahrzeug	Maßstab	Firma	Land	Baujahr Modell	Mat.	1989 noch produziert
Coupé 3,5	1970	7	Ichiko	J	70	B	nein
220 S	1959	14	Gama	D	1965	P,B	nein
220 S Pol.	1959	14	Gama	D	1965	P,B	nein
Coupé 3,5	1970	15	Ichiko	J	70	B	nein
220 S	1959	16	SSS	J	1965	B	nein
220 S	1959	18	Bandai	J	1965	B	nein
230	1959	18	Bandai	J	1965	B	nein
220 S	1959	18	Gama	D	1965	P,B	nein
Cabrio	1961	18	Huki	D	1970	B	nein
220 S	1959	18	Huki	D	1965	B	nein
220 S Pol.	1959	18	Huki	D	1965	B	nein
Cabrio 250	1965	20	Schuco	D	1965	P,B	nein
220 S	1959	21	Gama	D	1965	P,B	nein
220 S	1959	22	Bandai	J	1965	B	nein
Coupé Taxi	1961	25	–	J	1975	B	nein
Coupé Pol.	1961	25	–	J	1975	B	nein
Cabrio	1961	32	Komba	CH	1965	B	nein
300 SE	1961	43	Dinky	GB	1965	M,G	nein
220	1959	45	Gama	D		M,G	nein
220	1959	43	JRD	F	1965	M,G	nein
220	1959	43	Norev	F	1965	P	nein
Coupé	1961	43	Pilen	P	1970	M,G	ja
220	1959	43	Polistil	I	1965	M,G	nein
220	1959	43	Schuco	D		MG	nein
220 SE	1959	43	Solido	F	1965	M,G	nein
220	1959	43	Tekno	DK	1965	M,G	nein
220 SE	1959	45	Corgi	GB	1965	M,G	nein
220	1959	45	Dinky	GB			nein
220	1959	43	KDN	PL	–	P	nein
230	1966	43	Metosul	P	–	M,G	ja
230 Krankenw.	1966	43	Matchbox	GB	–	M,G	nein
230 Krankenw.	1966	60	Siku	D	–	M,G	nein
230 Polizei	1966	60	Siku	D	–	P	nein
190	1961	87	Brekina	D	1982	P	ja
190 Kombi	1961	87	Brekina	D	1982	P	ja
220	1959	87	Faller	D	–	P	nein
220	1959	87	Lego	DK	–	P	nein
220	1959	87	Praliné	D	1985	P	ja
220	1959	87	Schuco	D	–	M	nein
220 S	1959	87	Wiking	D	1961	P	nein
220 Cabr.	1961	87	Wiking	D	1963	P	nein
220 Coupé	1961	87	Wiking	D	1966	P	nein

(Quelle: Roland Rittmann, Mülheim/Ruhr)

B = Blech, P = Plastik, M, G = Metallguß

BERGNER
H-AK 677
Autofahrer von Rang sagen:
MEIN BENZIN GASOLIN
GASOLIN

Technische Daten / Statistik

	190 (W 110) gebaut 4/61-8/65	190 D (W 110) gebaut 4/61-8/65	200 (W 110) gebaut 7/65-2/68	200 D (W 110) gebaut 7/65-2/68
MOTOR	Vierzylinder-Viertakt-Reihenmotor, wassergekühlt, hängende Ventile, obenliegende Nockenwelle,Antrieb durch Duplex-Kette, dreifach (190/190 D) bzw. fünffach (200/200 D) gelagerte Kurbelwelle.			
Hubraum in ccm	1897	1988	1988	1988
Bohrung x Hub	85x83,6	87x83,6	87x83,6	87x83,6
PS bei. U/min	80/5000	55/4200	95/5200	55/4200
max. Drehmoment	14,5 mkp bei 2500 U/min	11,5 mkp bei 2400 U/min	15,7 mkp bei 3600 U/min	11,5 mkp bei 2400 U/min
PS/Liter	42,1	27,7	47,8	27,7
Verdichtung	1:8,7	1:21	1:9,0	1:21
Gemischaufb.	1 Fallstromver- gaser Solex 34 PJCB	Bosch Einspritzp.	2 Fallstromver- gaser Solex 38 PDSJ	Bosch Einspritzp.
Tankinhalt	51 L	51 L	65 L	65L
Batterie	12V/52Ah	12V/66Ah	12V/44Ah	12V/66 Ah
Lichtmaschine	160 W (ab 8/63 240 W)	160 W (ab 8/63 240 W)	490 W (Drehstrom)	490W (Drehstrom)
KRAFTÜBERTR.	Antrieb auf die Hinterräder, Einscheibentrockenkupplung, Vierganggetriebe, wahlweise Lenkradschaltung/Mittelschaltung (190: nur Lenkrad-schaltung), auf Wunsch Automatic (hydraulische Kupplung, Viergang-Planetengetriebe)			
Getriebeübers. 1. Gang 2. Gang 3. Gang 4. Gang Achsantrieb	 4,05 2,28 1,53 1,00 4,08	 4,05 2,28 1,53 1,00 3,92	 4,09 2,25 1,42 1,00 4,08	 4,09 2,25 1,42 1,00 3,92
FAHRWERK	Selbsttragende Karosserie, vorn Doppelquerlenker,Schraubenfedern, Stabilisator, hinten Eingelenk-Pendelachse, Schubstreben, Ausgleichs-Schraubenfeder. 190/190 D: ab 8/63 auf Wunsch zusätzliche Luftfederung, 200/220 D: auf Wunsch hypopneumatischer Nieveauausgleich			
Lenkung Übersetzung	Kugelumlauf 21,4:1 ab 4/64 auf Wunsch 17,3:1, zusätzlich Servohilfe	Kugelaumlauf 21,4:1	Kugelumlauf 22,7:1	Kugelumlauf 22,7:1
Bremsen	Hydraulisch, auf Wunsch Servo-hilfe, ab 9/63: Zweikreishydr., Servohilfe, vorn Scheibenbremse	Hydraulisch, ab 9/63: Zweikreis-hydr., Servohilfe, vorn Scheiben-bremsen	Zweikreishydr., Servohilfe, vorn Scheibenbremsen	Zweikreishydr., Servohilfe, vorn Scheibenbremsen
Spurweite v. 1468 Spurweite h. 1485 Felgengröße Reifengröße	1468 1485 5JKx13 7,00—13	1482 1485 5JKx13 7,00—13	1482 1485 5JKx13 7,00S 13	 5JKx13 7,00—13
MASSE UND GEWICHTE	Radstand 2700 mm, Gesamtmaße 4730 x 1795 x 1495 mm, Wendekreis 11,8 Meter			
Leergewicht Zul. Gesamtgewicht Leistungsgew.	1280 kg Autom.+40kg 1750 kg 16 kg/PS	1320 kg Autom.+40kg 1800 kg 24 kg/PS	1310 kg Autom.+40kg 1775 kg 13,8 kg/PS	1350 kg Autom.+40kg 1825 kg 24,5 kg/PS
FAHRLEISTUNGEN (Werksangaben) Höchstgeschw. km/h Beschleun. 0—100 in Sek.	 150 Autom. 145 18/Aut. 22	 130 Autom. 127 29/Aut. 30	 161 Autom. 158 15/Aut. 16	 130 Autom. 127 29/Aut. 30
Verbrauch auf 100 km	11,5 L Super Autom. 12,5	9 L Diesel Autom. 10	12,5 L Super Autom. 13,5	9 L Diesel Autom. 10

Technische Daten

Mercedes-Benz 200

Motor

Zahl der Zylinder	4
Bohrung/Hub	87/83,6 mm
Gesamthubraum	1988 cm^3
Motorleistung nach DIN *	95 PS 5200 U/min
Motorleistung nach SAE *	105 gr. HP 5400 U/min
Maximales Drehmoment nach DIN	15,7 mkp 3600 U/min
Maximales Drehmoment nach SAE	16,9 mkp 3800 U/min
Höchstdrehzahl	6000 U/min
Verdichtung	9:1
Ölfüllung Kurbelgehäuse max./min.	4,0/2,5 l
Inhalt des Kühlsystems	ca. 10,1 l
Lichtmaschine	Drehstrom 490 Watt
Batterie	12 V 44 Ah
Höchstgeschwindigkeit	ca. 160 km/h

* Bei der Leistungsangabe in gr. Horsepowers sind die Leistungen der zum Motorbetrieb nicht erforderlichen Nebenaggregate unberücksichtigt. Die angegebene Leistung in PS ist, da alle Nebenleistungen bereits abgezogen sind, an der Kupplung für den Antrieb des Wagens effektiv verfügbar.
Änderungen in Konstruktion und Ausführungen vorbehalten.

Fahrwerk
DB-Kugelumlauflenkung
Vollzwangssynchronisiertes
4-Gang-Getriebe
Lenkrad- oder Mittelschaltung
Hinterachsübersetzung 1:4,08
Zweikreis-Servobremssystem
Scheibenbremsen vorn
Reifengröße 7.00 S–13/4 PR, schlauchlos

Kraftstoff
Kraftstoffverbrauch nach DIN 70030
10,9 l/100 km
Tankinhalt 65 l
davon Reserve 8 l
Superkraftstoff

Gewichte
Fahrzeuggewicht fahrfertig 1275 kg
Zulässiges Gesamtgewicht 1775 kg

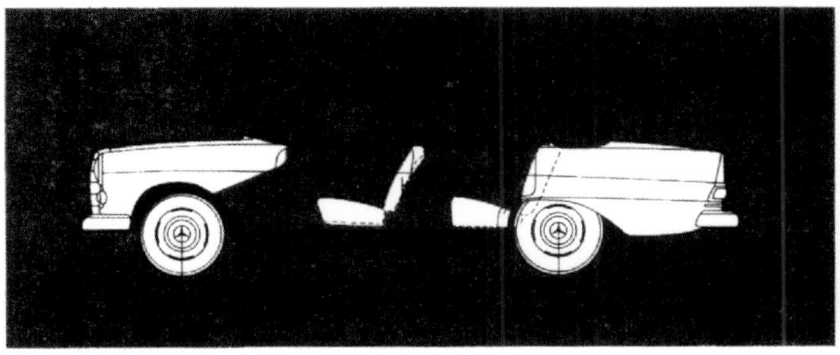

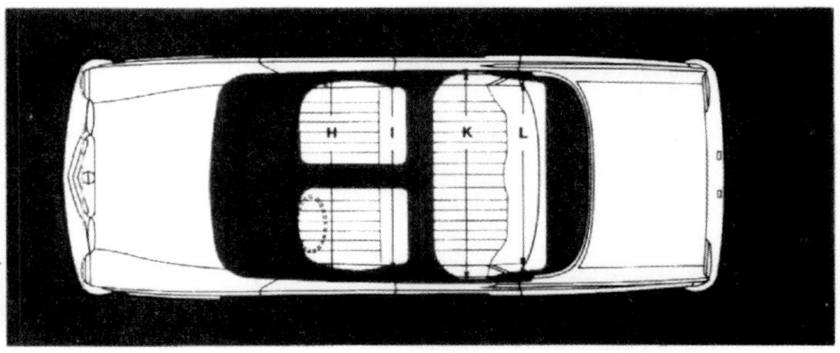

A Radstand 2700 mm
B Größte Länge 4730 mm
C Größte Höhe unbelastet 1495 mm
D* Lenkrad-Fahrersitzlehne 340 mm
E Sitzhöhe unbelastet 960 mm
F* Fahrerlehne-Fondlehne 830 mm
G Sitzhöhe im Fond 870 mm

H Breite auf Mitte Polster 1510 mm
I Breite Türschloßhöhe 1390 mm
K Breite auf Mitte Polster 1540 mm
L Breite Türschloßhöhe 1400 mm
M Größte Breite 1795 mm

Spurweite vorn 1482 mm
Spurweite hinten 1485 mm
Kofferraum 0,64 m^3

* Maße veränderlich je nach Sitzposition

163/2 PR di 866 Printed in Germany

	220 b (W 111/1) gebaut 8/59–8/65	220 Sb (W 111/2) gebaut 8/59–7/65	220 SE (W 111/3) gebaut 8/59–8/65	300 SE (W 112/3) gebaut 4/61–7/65
MOTOR	Sechszylinder-Viertakt-Reihenmotor, wassergekühlt, hängende Ventile, obenliegende Nockenwelle, Antrieb durch Duplex-Kette, vierfach (300 SE siebenfach) gelagerte Kurbelwelle.			
Hubraum in ccm	2195	2195	2195	2996
Bohrung x Hub	80x72,8	80x72,8	80x72,8	85x88
PS bei U/min	95/4800	110/5000	120/4800	160/5000; ab 1/64: 170/5400
max. Drehm.	17,2 mkp bei3200 U/min	17,5 mkp bei 3500 U/min	19,3 mkp bei 3900 U/min	25,6 mkp bei 3800 U/min ab 1/64: 25,4 mkp bei 4000 U/min
PS/Liter	43,3	50,1	54,7	53,4; ab 1/64:56,7
Verdichtung	1:8,7	1:8,7	1:8,7	1:8,7; ab 1/64:1:8,8
Gemischaufbereitung	2 Fallstromvergaser Solex 34 PJCB	2 Reg.-Fallstromvergaser Solex 34 PAJTA ab 7/63: Solex 34/40 INAT	Zweistempeleinspritzpumpe Bosch	Zweistempeleinspritzpumpe ab 1/64: Sechsstempeleinspritz-pumpe, beide Bosch
Tankinhalt	65 L	65 L	65 L	65 L; ab 1/63: 82
Batterie	12 V/52 Ah	12 V/52 Ah	12 V/60 Ah	12 V/66 Ah
Lichtmaschine	240 W	240 W	240 W	300 W
KRAFTÜBERTR.	Antrieb auf die Hinterräder, Einscheibentrockenkupplung, Lenkradschaltung, ab 10/64 (300 SE von Beginn) wahlweise Mittelschaltung, auf Wunsch Automatik (hydraulische Kupplung, Viergang-Planetengetriebe). Schaltgetriebe 300 SE ab 3/63			
Getriebeübers. 1. Gang 2. Gang ab 1962 3. Gang 4. Gang Achsantrieb	 3,64 2,36 2,28 1,53 1,00 3,90	 3,64 2,36 2,28 1,53 1,00 4,10	 3,64 2,36 2,28 1,53 1,00 4,10	 4,05 2,28 1,53 1,00 4,10; ab 1963: 3,92
FAHRWERK	220 bis 220 SE: Selbsttragende Karosserie, vorn Doppel-Querlenker, Schraubenfedern, Stabilisator, hinten Eingelenk-Pendelachse, Schub-streben, Schraubenfedern, Ausgleichsschraubenfeder, ab 8/65 auf Wunsch zusätzliche Luftfederung. Davon abweichend 300 SE: statt Schraubenfedern Luftkammer-Federbälge mit Niveauausgleich)			
Lenkung Übersetzung Servohilfe auf Wunsch	Kugelumlauf 21,4:1 17,3:1, zuz. Servohilfe auf Wunsch	Kugelumlauf 21,4:1 17,3:1, Servohilfe auf Wunsch	Kugelumlauf 21,4:1 zuz.	Kugelumlauf 17,3:1 17,3:1, zuz.
Bremsen	Hydraulisch, auf Wunsch: Servohilfe. 8/63: vorn Scheibenbremsen, Zweikreis-hydraulik	Hydraulisch, Servohilfe. Ab 4/62: vorn Scheibenbremsen, Ab 8/63 Zweikreishydraulik	Hydraulisch, Servohilfe. Ab 4/62: vorn Scheibenbremsen, Ab 8/63 Zweikreishydraulik	Zweikreishydraulik, Servohilfe, vier Scheibenbremsen
Spurweite v. in mm Spurweite h. Felgengröße Reifengröße	1470 ab 8/63 1482 1485 5JKx13 6,70-13 ab 1960: 7,25–13	1470 ab 8/63 1482 1485 5JKx13 6,70-13 Sport	1470 ab 8/63 1482 1485 5JKx13 6,70-13 Sport ab 1960: 7,25–13 Sport	1482 1490 5JKx13 7,50H13 ab 1960: 7,25–13 Sport
MASSE UND GEWICHTE	Radstand 2750 mm, Außenmaße 4875 x 1795 x 1500 mm (300 SE 1495mm), Wendekreis 12,1 Meter.			
Leergewicht Zul. Gesamtgewicht (Autom. zuz. 40 kg) Leistungsgew. kg/PS	1320 kg Autom.+40kg 1760 kg ab 1960:1820 kg 18,5	1350 kg Autom.+40kg 1780 kg ab 1960:1845 kg 12,3	1380 kg Autom.+40kg 1810 kg ab 1960:1875 kg 11,5	1580 kg Autom.+40kg 2065 kg 9,9; ab 9,3
FAHRLEISTUNGEN (Werksangaben) Höchstgeschw. km/h	 160 Autom. 155	 165 Autom. 160	 172 Autom. 168	 180 Autom. 175 ab 1/64:190,Autom. 185
Beschleunigung 0–100 in Sekunden	 16	 15	 14	 13; ab 1/64: 12
Verbrauch auf 100 km	14 Autom. 15/S	L Super 14 L Super Autom. 15/S	14 L Super Autom. 15/S	17 L Super Autom. 18

Technische Daten

Mercedes-Benz 230

1198 KA di 267 Printed in Germany

Motor

Zahl der Zylinder	6	
Bohrung/Hub	82/72,8 mm	
Gesamthubraum	2306 cm³	
Motorleistung nach DIN *	120 PS	5400 U/min
Motorleistung nach SAE	135 gr. HP	5600 U/min
Maximales Drehmoment nach DIN *	18,2 mkp	4000 U/min
Maximales Drehmoment nach SAE	20,0 mkp	4200 U/min
Höchstdrehzahl	6000 U/min	
Verdichtung	9 : 1	
Ölfüllung Kurbelgehäuse max./min.	5,5/3,5 l	
Inhalt des Kühlsystems	ca. 14,0 l	
Lichtmaschine	Drehstrom 490 Watt	
Batterie	12 V/44 Ah	
Höchstgeschwindigkeit	ca. 175 km/h	

Fahrwerk

Vollzwangssynchronisiertes 4-Gang-Getriebe
Lenkrad- oder Mittelschaltung
MB-Kugelumlauflenkung
Hinterachsübersetzung 4,08
Zweikreis-Servobremssystem
Scheibenbremsen vorn
Reifengröße 7.00 S–13/4 PR, schlauchlos

Kraftstoff

Kraftstoffverbrauch nach DIN 70030
11,2 l/100 km
Tankinhalt 65 l
davon Reserve 8 l
Superkraftstoff

Gewichte

Fahrzeuggewicht fahrfertig 1305 kg
Zulässiges Gesamtgewicht 1805 kg

* Die angegebene Leistung in PS/DIN ist nach Abzug aller Nebenleistungen an der Kupplung für den Antrieb des Wagens effektiv verfügbar. Bei der Leistungsangabe in SAE/gross-horsepowers sind die Leistungsaufnahmen der zum Motorbetrieb nicht erforderlichen Nebenaggregate unberücksichtigt. Laut VDA-Revers technische Angaben entsprechend DIN 70020 und 70030.

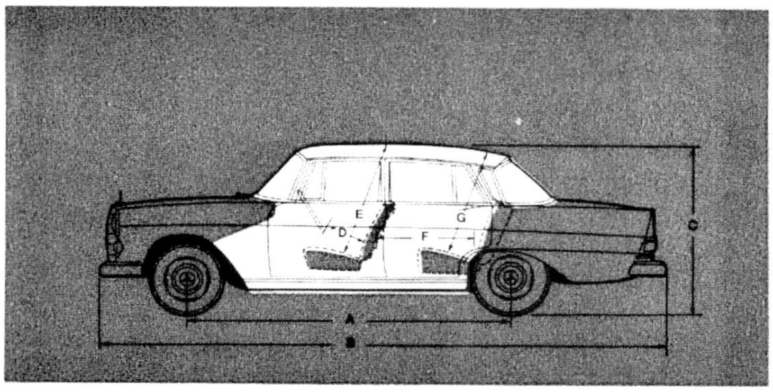

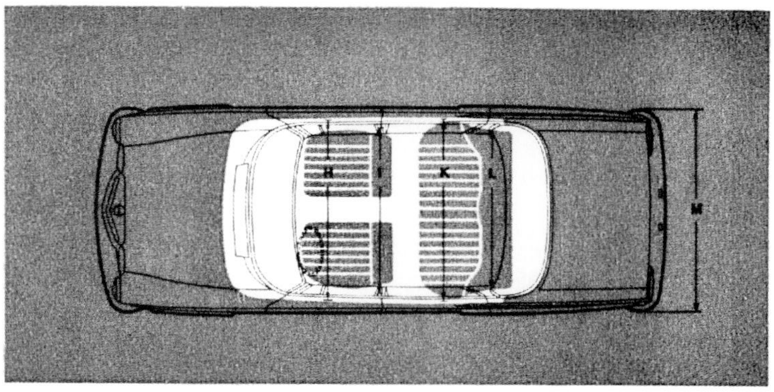

A Radstand 2700 mm
B Größte Länge 4730 mm
C Größte Höhe unbelastet 1495 mm
D* Lenkrad-Fahrersitzlehne 340 mm
E Sitzhöhe unbelastet 960 mm
F* Fahrerlehne-Fondlehne 830 mm
G Sitzhöhe im Fond 870 mm

H Breite auf Mitte Polster 1510 mm
I Breite Türschloßhöhe 1390 mm
K Breite auf Mitte Polster 1540 mm
L Breite Türschloßhöhe 1400 mm
M Größte Breite 1795 mm

Spurweite vorn 1482 mm
Spurweite hinten 1485 mm
Kofferraum 0,64 m³

* Maße veränderlich je nach Sitzposition

Daimler-Benz AG
Stuttgart-Untertürkheim

	230 (W 110) gebaut 5/65 – 2/68	230 (W 114 V23) gebaut 7/66 – 2/68	230 S (W 111 IA) gebaut 5/65 – 1/68
MOTOR	Sechszylinder-Viertakt-Reihenmotor, wassergekühlt, hängende Ventile, obenliegende Nockenwelle, Antrieb durch Duplexkette, vierfach gelagerte Kurbelwelle.		
Hubraum in ccm	2281	2281	2281
Bohrung × Hub	82 × 72,8	82 × 72,8	82 × 72,8
PS bei U/Min	105/5200	120/5400	120/5400
max. Drehm.	17,7 mkp bei 3600 U/min	18,2 mkp bei 4000 U/min	18,2 mkp bei 400 U/min
PS/Liter	46	52,6	52,6
Verdichtung	1:9,0	1:9,0	1:9,0
Gemischaufbereitung	2 Fallstromvergaser Solex 38 PDSI-2	2 Register-Fallstromvergaser Zenith 35/40 INAT	2 Register-Fallstromvergaser Zenith 35/40 INAT
Tankinhalt	65 L	65 L	65 L
Batterie	12 V 44 Ah	12 V 44 Ah	12 V 44 Ah
Lichtmaschine	490 W	490 W	490 W
KRAFTÜBERTR.	Antrieb auf die Hinterräder, Einscheibentrockenkupplung, Lenkradschaltung, wahlweise Mittelschaltung, auf Wunsch Automatic (hydraulische Kupplung, 4-Gang-Planetengetriebe)		
Getriebeübersetzung 1. Gang 2. Gang 3. Gang 4. Gang Achsantrieb	 4,09 2,25 1,42 1,00 4,08	 4,09 2,25 1,42 1,00 4,08	 4,05 2,23 1,58 1,00 4,08
FAHRWERK	Selbsttragende Karosserie, vorn Doppelquerlenker, Schraubenfedern, Stabilisator, hinten Eingelenk-Pendelachse, Schubstreben, Schraubenfedern, Ausgleichs-Schraubenfeder, auf Wunsch hydropneumatischer Niveau-Ausgleich		
Lenkung Übersetzung	Kugelumlauf 22,7:1 auf Wunsch 17,3:1 zuz. Servohilfe	Kugelumlauf 22,7:1 auf Wunsch 17,3:1 zuz. Servohilfe	Kugelumlauf 22,7:1 auf Wunsch 17,3:1 zuz. Servohilfe
Bremsen	Zweikreishydraulik Servohilfe, vorn Scheibenbremsen	Zweikreishydraulik Servohilfe, vorn Scheibenbremsen	Zweikreishydraulik Servohilfe, vorn Scheibenbremsen
Spurweite v. in mm Spurweite h. Felgengröße Reifengröße	1482 1485 5JK × 13 7,00S13	1482 1485 5JK × 13 7,00S13	1482 1485 5JK × 13 7,25S13
MASSE UND GEWICHE	Radstand 2700 mm (230 S 2750 mm), Gesamtmaße 4730 × 1795 × 1495 mm (230 S: 4875 × 1795 × 1500 mm), Wendekreis 11,8 Meter (230 S: 12 Meter)		
Leergewicht Zul. Gesamtgewicht Leistungsgewicht kg/PS	1350 kg Autom. +40kg 1805 kg 12,9	1350 kg Autom. +40kg 1805 kg 15,0	1410 kg Autom. +40kg 1850 kg 11,8
FAHRLEISTUNGEN (Werksangaben)			
Höchstgeschw. km/h	168 Autom. 165	175 Autom. 172	176 Autom. 174
Beschl. 0–100 in Sek.	14 Autom. 16	13 Autom. 15	13 Autom. 15
Verbrauch in Litern	15,5 Super Autom. 16,5	16 Super Autom. 16,5	16 Super Autom. 16,5

Technische Daten

Mercedes-Benz 230 S

Motor
Zahl der Zylinder 6
Bohrung/Hub 82/72,8 mm
Gesamthubraum 2306 cm^3
Motorleistung DIN PS *
120/5400 U/min
Motorleistung SAE gr. HP *
135/5600 U/min
Maximales Drehmoment DIN mkp
18,2/4000 U/min
Maximales Drehmoment SAE mkp
20,0/4200 U/min
Höchstdrehzahl 6250 U/min
Verdichtung 9:1
Ölfüllung Kurbelwellengehäuse
max./min. 5,5/3,5 Liter
Inhalt des Kühlsystems ca. 11,4 Liter
Drehstrom-Lichtmaschine
Batterie 12/44 V/Ah
Höchstgeschwindigkeit ca. 175 km/h

Fahrwerk
DB-Kugelumlauflenkung
Vollzwangssynchronisiertes
4-Gang-Getriebe
Lenkradschaltung
Hinterachsübersetzung 1:4,08
Zweikreis-Servobremssystem
Scheibenbremsen vorn
Hydropneumatische Ausgleichfeder
Reifengröße 7.25 S—13

Kraftstoff
Kraftstoffverbrauch DIN 70030
100 km 11,2 Liter
Tankinhalt 65 Liter
Reserve 8 Liter
Superkraftstoff,
Benzin-Benzol-Gemisch

Gewichte
Fahrzeuggewicht fahrfertig 1350 kg
Zulässiges Gesamtgewicht 1850 kg

* Bei der Leistungsangabe in gr. Horsepowers sind die Leistungen der zum Motorbetrieb nicht erforderlichen Nebenaggregate unberücksichtigt. Die angegebene Leistung in PS ist, da alle Nebenleistungen bereits abgezogen sind, an der Kupplung für den Antrieb des Wagens effektiv verfügbar.
Änderungen in Konstruktion und Ausführungen vorbehalten.

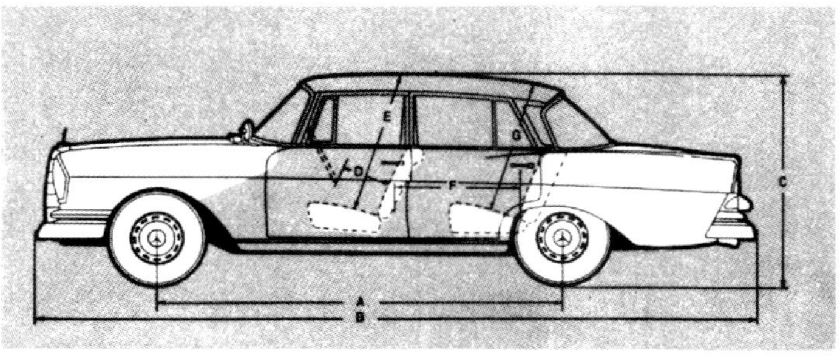

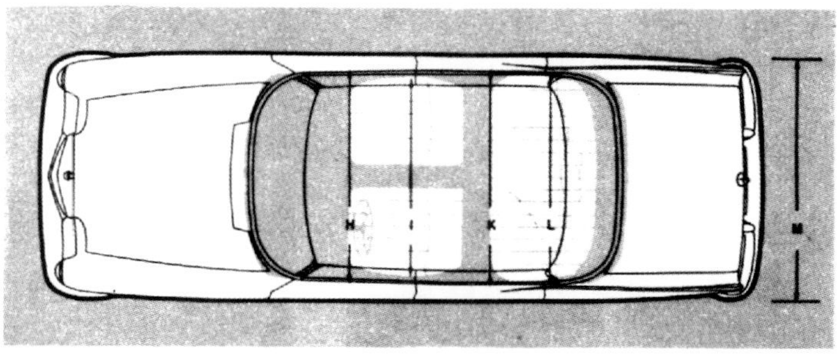

A Radstand 2750 mm
B Größte Länge 4875 mm
C Größte Höhe unbelastet 1500 mm
D Lenkrad-Fahrersitzlehne 340 mm
E Sitzhöhe unbelastet 960 mm
F Fahrerlehne—Fondlehne 830 mm
G Sitzhöhe im Fond 870 mm

H Breite auf Mitte Polster 1510 mm
I Breite Türschloßhöhe 1390 mm
K Breite auf Mitte Polster 1540 mm
L Breite Türschloßhöhe 1400 mm
M Größte Breite 1795 mm

Spurweite vorn 1482 mm
Spurweite hinten 1485 mm
Kofferraum 0,64 m^3

165 PR d i 865 Printed in Germany

Von den Limousinen abweichende Daten für Sondermodelle:

	200 Universal	200 D Universal	200 D 7-Sitzer
MOTOR			
Batterie		12V/88 Ah	
KRAFTÜBERTR.	Keine Automatik lieferbar		
Achsantrieb		4,08	4,08
FAHRWERK	Hydropneumatischer Niveauausgleich in Serie		
MASSE UND GEWICHTE	Radstand beim 7-Sitzer 3350 mm, Länge beim Universal 4740, beim 7sitzer 5380, Höhe beim Universal 1530 mm.		
Felgen	5Jx15	5Jx15	5JKx13
Reifen	7,00S15 (6PR)	7,00S15 (6PR)	7,25S13
Wendekreis		13,5 Meter	
Leergewicht Zul. Gesamtg. Höchstgeschw.	1415 kg 2105 kg	1450 kg 2150 kg	1490 kg 2110 kg 125 km/h

Von den Limousinen abweichende Daten bei 220 SE Coupé/Cabriolet, 300 SE Coupé/Cabriolet sowie 300 SE lang.

	220 SE Coupé/Cabr. W 111/3 geb. 2/61-10/65	**300 SE Coupé/Cabr. W 112/2 geb. 2/62-12/67**	**300 SE lang W 112/3 geb. 3/63-8/65**
FAHRWERK			
Bremsen	Scheibenbremsen vorn von Beginn an		
Spur vorn	1482 mm von Beginn an		
Felgengröße	5,5JKx13 (Cabr.)		
Reifengröße	7,25-13 Sport (Coupé) 7,50-13 Sport (Cabr.)		
MASSE UND GEWICHTE	Radstand bei 300 SE lang: 2850 mm. Außenmaße Coupé/Cabriolet 4880 x 1845 x 1445 mm (Höhe bei 300 SE Coupé/Cabriolet 1400 mm.) Außenmaße 300 SE lang 4975 x 1795 x 1455 mm. Wendekreis 300 SE lang: 12,4 Meter.		
Leergewicht	1450 kg (Coupè) 1520 kg (Cabr.)	1600 kg (Coupé) 1700 kg (Cabr.)	1630 kg
Zul. Gesamtgewicht	1880 kg (Coupé)	2060 kg (Coupé) 1950 kg (Cabriolet)	2115 kg 2160 kg (Cabriolet)
Verbrauch auf 100 km	14,5 L Super Autom.15,5	17,5 L Super Autom. 18	19 L
Leistungsgewicht kg/PS	12,0 (Coupé) 12,7 (Cabriolet)	10 ab 1/64 9,4 (Coupé) 10,6 ab 1/64 10 (Cabriolet)	9,6

Von den Limousinen abweichende Daten bei 230 Universal (Basis W 114 V 23) und 230 S Universal

FAHRWERK	Hydropneumatischer Niveauausgleich in Serie
MASSE UND GEWICHTE	
Gesamtmaße	4740 × 1795 × 1530mm
Felgengröße	5J × 15
Reifengröße	7,00S15(6PR)
Leergewicht	1460 kg (230S Universal: 1510 kg
Zul. Gesamtg.	2140 kg (230S Universal: 2170 kg)
Verbrauch auf 100 km	17 L

Technische Daten

Mercedes-Benz Universal 200 - 200 D - 230 - 230 S

Motor	200	200 D	230	230 S
Zahl der Zylinder	4	4	6	6
Bohrung/Hub	87/83,6 mm	87/83,6 mm	82/72,8 mm	82/72,8 mm
Gesamthubraum	1988 cm³	1988 cm³	2306 cm³	2306 cm³
Motorleistung nach DIN*	95 PS b. 5200 U/min	55 PS b. 4200 U/min	120 PS b. 5400 U/min	120 PS b. 5400 U/min
Motorleistung nach SAE*	105 gr. HP b. 5400 U/min	60 gr. HP b. 4200 U/min	135 gr. HP b. 5600 U/min	135 gr. HP b. 5600 U/min
Maximales Drehmoment nach DIN	15,7 mkp b. 3600 U/min	11,5 mkp b. 2400 U/min	18,2 mkp b. 4000 U/min	18,2 mkp b. 4000 U/min
Maximales Drehmoment nach SAE	16,9 mkp b. 3800 U/min	12,0 mkp b. 2400 U/min	20,0 mkp b. 4200 U/min	20,0 mkp b. 4200 U/min
Höchstdrehzahl	6000 U/min	4320 U/min	6000 U/min	6000 U/min
Verdichtung	9:1	21:1	9:1	9:1
Ölfüllung Kurbelgehäuse max./min.	4,0/2,5 l	4,0/2,5 Liter	5,5/3,5 l	5,5/3,5 l
Inhalt des Kühlsystems	ca. 10,1 l	ca. 10,1 Liter	ca. 14,0 l	ca. 11,4 l
Lichtmaschine	Drehstrom 490 Watt	Drehstrom 490 Watt	Drehstrom 490 Watt	Drehstrom 490 Watt
Batterie	12 V 44 Ah	12 V 66 Ah	12 V 44 Ah	12 V 44 Ah
Höchstgeschwindigkeit	ca. 160 km/h	ca. 130 km/h	ca. 175 km/h	ca. 175 km/h
Kraftstoffverbrauch nach DIN 70030	10,9 l	8,1 l	11,2 l	11,2 l
Tankinhalt/Reserve	65/8 l	65/8 l	65/8 l	65/8 l
Reifen	7,00 S-15 mit Schlauch	7,00-15 mit Schlauch	7,00 S-15 mit Schlauch	7,00 S-15 mit Schlauch
Zulässiges Gesamtgewicht	2105 kg	2155 kg	2140 kg	2170 kg
Fahrzeuggewicht nach DIN 70020 fahrfertig	1380 kg	1430 kg	1415 kg	1445 kg
Zulässige Achslasten vorn/hinten	805/1300 kg	855/1300 kg	840/1300 kg	870/1300 kg
Zulässige Nutzlast, wenn die zulässige Hinterachslast nicht überschritten wird.	725 kg	725 kg	725 kg	725 kg

* Die angegebene Leistung in PS/DIN ist nach Abzug aller Nebenleistungen an der Kupplung für den Antrieb des Wagens effektiv verfügbar.
Bei der Leistungsangabe in SAE-grosshorsepowers sind die Leistungsaufnahmen der zum Motorbetrieb nicht erforderlichen Nebenaggregate unberücksichtigt.
Laut VDA-Revers technische Angaben entsprechend DIN 70020 und DIN 70030.

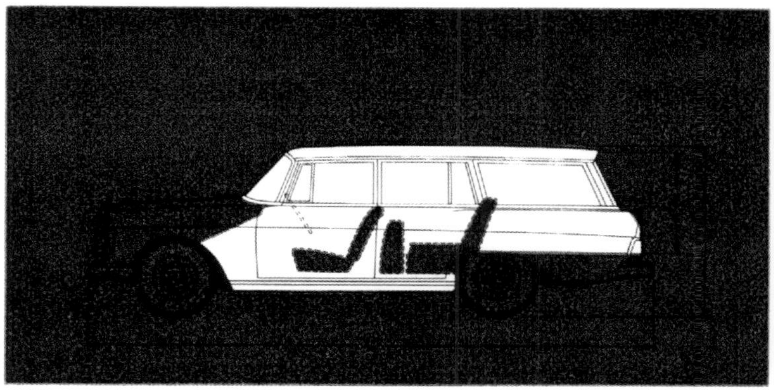

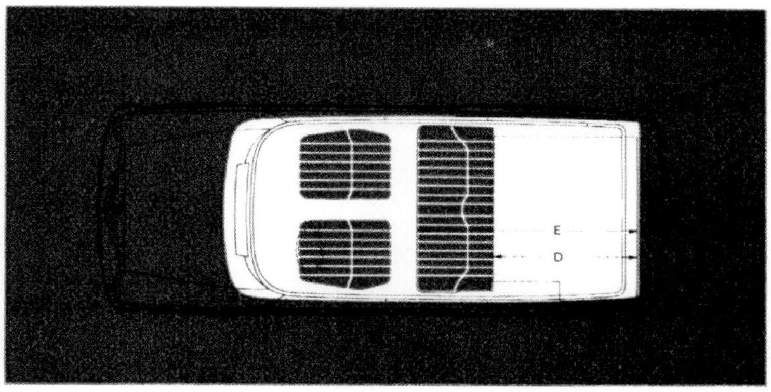

A Größte Höhe unbelastet 1530 mm
B Größte Breite 1795 mm
C Größte Länge 200-200D-230 4740 mm
Größte Länge 230 S 4885 mm

D Länge der Ladefläche
Fondbank aufgestellt 1330 mm
E Länge der Ladefläche
Fondbank umgeklappt 1930 mm
F Lichte Höhe über Ladefläche 850 mm

Laderaum
Fondbank aufgestellt 1,2 m³
Fondbank umgeklappt 2,7 m³

PRODUKTIONSZAHLEN

	1959	1960	1961	1962	1963	1964	1965	1966	1967	1968	Gesamt
220	3 375	13 127	14 842	11 618	10 492	11 327	4 910	–	–	–	69 691
220 S	767	26 642	32 238	26 077	26 236	28 732	13 927	–	–	–	161 119
220 SE	1 579	9 247	10 761	10 786	12 848	14 336	6 529	–	–	–	66 086
220/220 S/220 SE zus.	12 221	49 016	57 841	48 481	49 576	54 395	25 366	–	–	–	296 896
230/105 PS	–	–	–	–	–	–	8 545	14 951	16 441	318	40 258
230/120 PS	–	–	–	–	–	–	–	–	252	22 064	22 316
230 S	–	–	–	–	–	–	12 621	17 230	11 176	80	41 107
230/230 S zus.	–	–	–	–	–	–	21 166	32 187	27 869	22 462	103 681
190	–	–	9 249	31 275	35 457	33 776	20 797	–	–	–	130 554
190 D	–	–	12 882	45 414	60 784	64 422	42 143	–	–	–	225 645
200	–	–	–	–	–	–	16 864	26 842	26 169	332	70 207
200 D	–	–	–	–	–	–	30 937	61 707	68 399	575	161 618
190/D, 200/D zus.	–	–	22 128	76 689	96 241	98 198	110 741	88 549	94 568	907	588 024
COUPÉ/CABR. 220 SE	–	2	2 537	4 287	3 755	3 528	2 793	–	–	–	16 902
COUPÉ/CABR. 250 SE	–	–	–	–	–	–	1 205	3 601	1 407	–	6 213
COUPÉ/CABR. 300 SE	–	–	–	331	630	706	710	497	253	–	3 127
COUPÉ/CABR. gesamt	–	2	2 537	4 618	4 385	4 234	4 708	4 098	1 660	–	26 242
300 SE	–	–	13	2 768	995	936	490	–	–	–	5 202
300 SE lang	–	–	–	1	387	751	407	–	–	–	1 546
300 SE zus.	–	–	–	2 769	1 382	1 687	897	–	–	–	6 748
BAUREIHE	12 221	49 018	82 519	132 557	151 584	158 514	162 878	124 834	124 152	25 319	1 023 596

Gesamtproduktion ohne 250 SE Coupé/Cabriolet: 1 017 383

220/220 S/220 SE/230 S: In der Gesamtproduktionszahl von 338 003 entfallen auf den Typ 220 20 %, auf den 220 S 50 %, auf den 220 SE 19 % und auf den 230 S 11 %
190/190 D/200/200D: In der Gesamtproduktionszahl von 588 024 entfallen auf die Dieselversionen 387 263 (65,8 %), auf die Benziner 200 761 (34,2 %).
COUPÉ/CABRIOLET: In der Gesamtproduktionszahl von 26 242 entfallen auf das Coupé 21 098 (80,4 %), auf das Cabriolet 5 143 (19,6 %). Vom Typ 280 SE Coupé und Cabriolet wurden vom Februar 1968 bis September 1971 noch 10 588 Wagen gebaut. Die Gesamtzahl aller Coupés und Cabriolets in dieser Karosserieform betrug demnach 36830.
FAHRGESTELLE FÜR SONDERAUFBAUETN: Die Differenz aus der Gesamtproduktionszahl und der läßt den Schluß zu, daß insgesamt 24 421 Fahrgestelle für Kombi, Krankenwagen, Leichenwagen, Langversion und Ähnliches verwendet wurden.

BESTAND IM INLAND/ EXPORTZAHLEN (Auswahl)

	Gesamt	Export	Inland	Bestand 1969	Bestand 1979	Bestand 1989
220	69 691	42 691	27 000	21 178	1 887	341
220 S	161 119	93 119	68 000	52 469	4 897	948
220 SE	66 086	36 086	30 000	25 357	2 162	432
220 SE/C.	16 902	7 902	9 000	8 352	4 465	1 421
300 SE	5 202	1 902	3 300	2 501	316	80
300 SE/C	3 127	1 727	1 400	1 142	393	165
190	130 554	62 554	68 000	51 863	1 673	837
190 D	225 645	85 645	140 000	128 890	4 477	1 768

Weitere Bestandszahlen (1. Juli 1989):
200 : 1 119 (Produktion 70 207)
200 D: 2 623 (Produktion 161 618)
230 (105 PS): 208 (Produktion 40 258)
230 (120 PS): 378 (Produktion 22 316)
230 S: 526 (Produktion 41 107)

Quelle: Helmut Baaden, Ransbach-Baumbach

MERCEDES-BENZ

190

A	Radstand	2700 mm
B	Größte Länge	4730 mm
C	Größte Höhe unbelastet	1495 mm
D	Hinterkante Lenkrad bis Fahrersitzlehne	340 mm
E*	Sitzhöhe (nicht eingesessen)	960 mm
F	Hinterkante Fahrersitzlehne bis Vorderkante Fond	830 mm
G	Sitzhöhe Fond (nicht eingesessen)	855 mm
H	Breite auf Mitte Polster gemessen	1510 mm
I	Breite in Fensterschlüsselhöhe gemessen	1390 mm
K	Breite auf Mitte Polster gemessen	1540 mm
L	Breite in Fensterschlüsselhöhe gemessen	1400 mm
M	Größte Breite	1795 mm
	Spurweite vorn	1468 mm
	Spurweite hinten	1485 mm
	Nutzbarer Kofferraum mit einem Reserverad	0,64 m³
	Bodenfreiheit, Wagen mit 2 Personen besetzt ca.	190 mm
	Wendekreisdurchmesser ca.	11,4 mm

* bei eingebautem Stahlschiebedach 920 mm

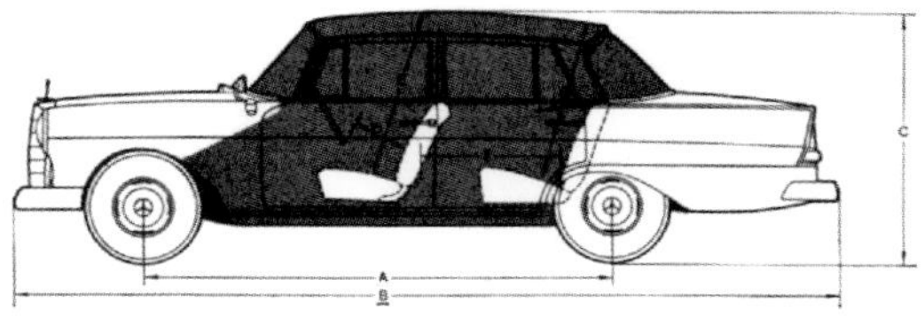

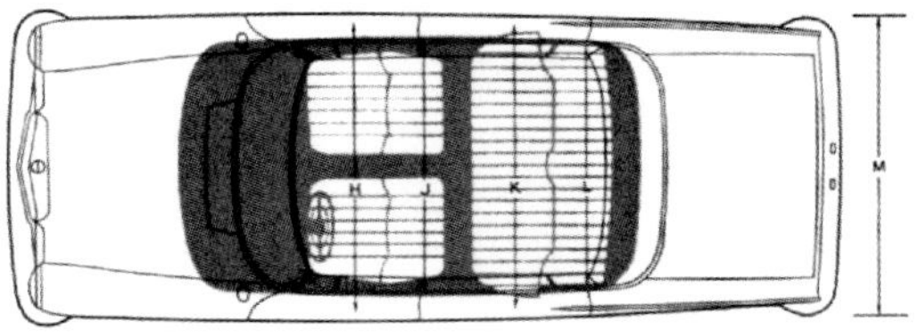

P 1004 761 Printed in Germany

MERCEDES-BENZ

190 D

A	Radstand	2700 mm
B	Größte Länge	4730 mm
C	Größte Höhe unbelastet	1495 mm
D	Hinterkante Lenkrad bis Fahrersitzlehne	340 mm
E*	Sitzhöhe (nicht eingesessen)	960 mm
F	Hinterkante Fahrersitzlehne bis Vorderkante Fond	830 mm
G	Sitzhöhe Fond (nicht eingesessen)	855 mm
H	Breite auf Mitte Polster gemessen	1510 mm
I	Breite in Fensterschlüsselhöhe gemessen	1390 mm
K	Breite auf Mitte Polster gemessen	1540 mm
L	Breite in Fensterschlüsselhöhe gemessen	1400 mm
M	Größte Breite	1795 mm
	Spurweite vorn	1468 mm
	Spurweite hinten	1485 mm
	Nutzbarer Kofferraum mit einem Reserverad	0,64 m³
	Bodenfreiheit, Wagen mit 2 Personen besetzt ca.	190 mm
	Wendekreisdurchmesser ca.	11,4 mm

* bei eingebautem Stahlschiebedach 920 mm

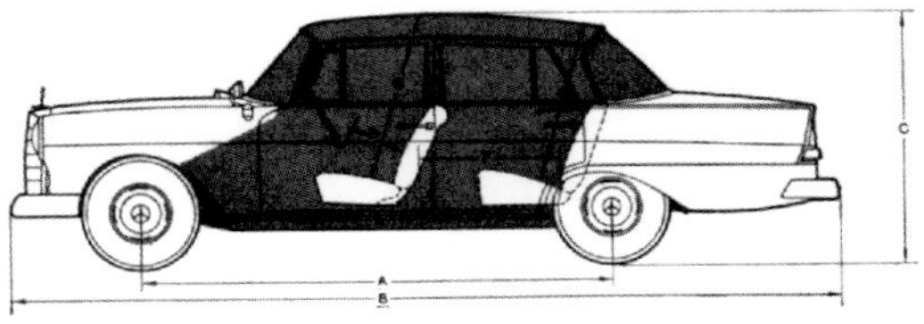

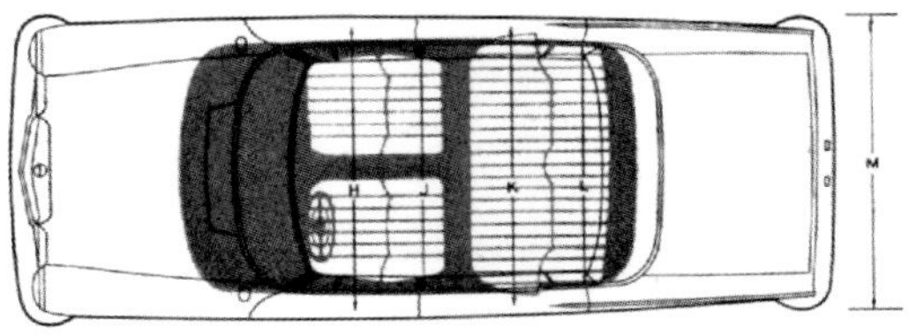

P 1004 761 Printed in Germany

PREISE (Preise bei Einführung des Modells beziehungsweise nach Preisanhebung)

	1959	1961	1962	1965	1966	1967
190		9 950,–	10 600,–			
190 Kombi (Miesen/Binz)			15 000,–			
190 D		10 600,–	11 100,–			
190 D Kombi (Miesen/Binz)			15 500,–			
200				11 000,–		
200 Univers.					14 750,–	
200 Kombi (Miesen/Binz)				15 500,–		
200 D				11 500,–		
200 D lang					15 650,–	
200 D Univers.					15 400,–	
200 D Kombi (Miesen/Binz)				16 000,–		
220	11 500,–		12 160,–			
220 S	13 250,–		13 750,–			
220 SE	14 950,–		15 450,–			
220 SE Coupé		23 500,–				
220 SE Cabr.		25 500,–				
230				11 000,–		
230 Universal					15 900,–	
230 S				14 000,–		
230 S Univers.					18 600,–	
300 SE		23 100,–				
300 SE lang				26 400,–		
300 SE Coupé		31 350,–				
300 SE Cabr.		33 350,–				

MERCEDES-BENZ

220

A Radstand . . . . 2750 mm
B Größte Länge . . . . 4875 mm
C Größte Höhe, unbelastet . . . ca. 1510 mm
D Hintere Kante Lenkrad bis Fahrersitz-Rückenlehne . . . . 340 mm
E Sitzhöhe (eingesessen) . . . . 1010 mm
F Hintere Kante Fahrersitz-Rückenlehne bis Vorderkante Rückenlehne Fondsitz 830 mm
G Sitzhöhe Fond (eingesessen) . . . . . 940 mm
H Lichte Breite auf Mitte Polster . . . . 1510 mm
I Lichte Breite in Fensterschlüsselhöhe 1390 mm
K Lichte Breite auf Mitte Polster . . . . 1540 mm
L Lichte Breite in Fensterschlüsselhöhe 1400 mm
M Größte Breite . . . . 1795 mm

Spurweite vorn . . . . 1470 mm
Spurweite hinten . . . . 1485 mm
Nutzbarer Kofferraum mit einem Reserverad 0,64 m³
Bodenfreiheit, Wagen mit 2 Personen besetzt . . . . ca. 200 mm
Wendekreisdurchmesser . . . . 11,4 m

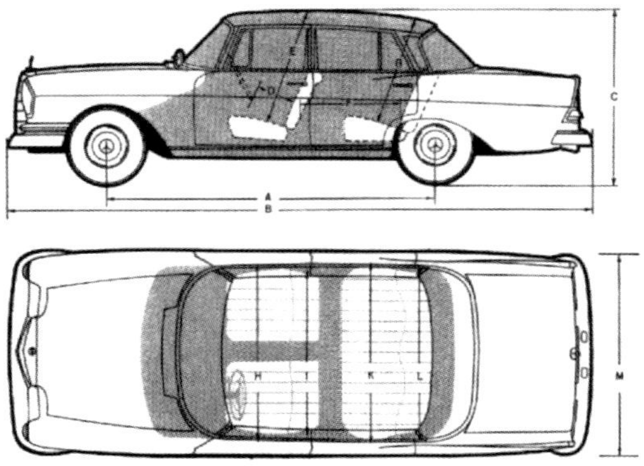

MERCEDES-BENZ

220 S

A	Radstand	2750 mm
B	Größte Länge	4875 mm
C	Größte Höhe unbelastet	1500 mm
D	Hinterkante Lenkrad bis Fahrersitz-Lehne	340 mm
E*	Sitzhöhe (nicht eingesessen)	960 mm
F	Hinterkante Fahrersitz-Lehne bis Vorderkante Fondlehne	830 mm
G	Sitzhöhe Fond (nicht eingesessen)	855 mm
H	Breite auf Mitte Polster gemessen	1510 mm
I	Breite in Fensterschlüsselhöhe gemessen	1390 mm
K	Breite auf Mitte Polster gemessen	1540 mm
L	Breite in Fensterschlüsselhöhe gemessen	1400 mm
M	Größte Breite	1795 mm
	Spurweite vorn	1482 mm
	Spurweite hinten	1485 mm
	Nutzbarer Kofferraum mit einem Reserverad	0,64 m^3
	Bodenfreiheit, Wagen mit 2 Personen besetzt ca.	200 mm
	Wendekreisdurchmesser	11,5 m

* Bei eingebautem Stahlschiebedach 920 mm

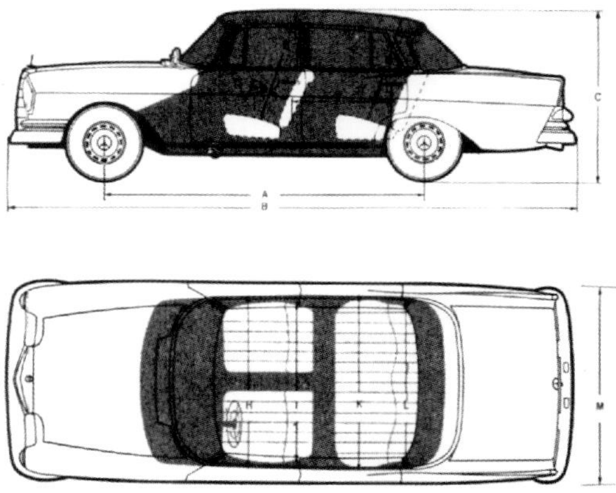

MERCEDES-BENZ

220 SE

A	Radstand	2750 mm
B	Größte Länge	4875 mm
C	Größte Höhe unbelastet	1500 mm
D	Hinterkante Lenkrad bis Fahrersitz-Lehne	340 mm
E*	Sitzhöhe (nicht eingesessen)	960 mm
F	Hinterkante Fahrersitz-Lehne bis Vorderkante Fondlehne	830 mm
G	Sitzhöhe Fond (nicht eingesessen)	855 mm
H	Breite auf Mitte Polster gemessen	1510 mm
I	Breite in Fensterschlüsselhöhe gemessen	1390 mm
K	Breite auf Mitte Polster gemessen	1540 mm
L	Breite in Fensterschlüsselhöhe gemessen	1400 mm
M	Größte Breite	1795 mm
	Spurweite vorn	1482 mm
	Spurweite hinten	1485 mm
	Nutzbarer Kofferraum mit einem Reserverad	0,64 m^3
	Bodenfreiheit, Wagen mit 2 Personen besetzt ca.	200 mm
	Wendekreisdurchmesser	11,5 m

* Bei eingebautem Stahlschiebedach 920 mm

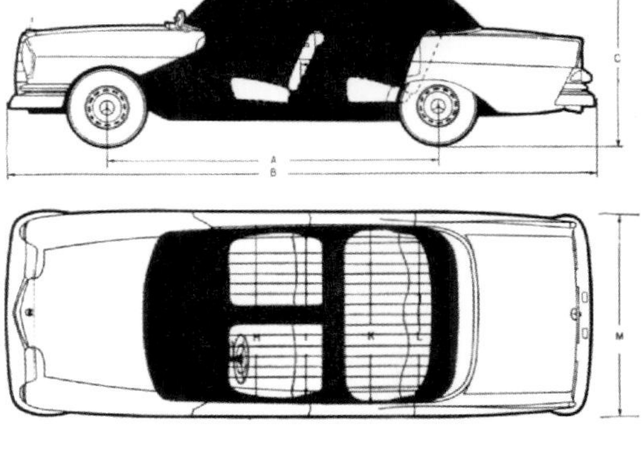

PRESSEVERÖFFENTLICHUNGEN (Auswahl)

Zeitschrift	Ausgabe/Jahr	Typ	Bemerkung
Motor Revue	31/Sommer 59	Neue Reihe	Entwicklungsgeschichte
Motor Rundschau	31/Sommer 59	Neue Reihe	Messevorstellung
Motor Revue	39/Herbst 61	Automatik	Technikbeschreibung
Motor Revue	39/Herbst 61	Programm	Messebericht
auto, motor u. sport	18/61	190/300 SE	Fahrbericht
auto, motor u. sport	20/61	Programm	Messebericht
auto, motor u. sport	22/61	190	Test
auto, motor u. sport	1/62	190 D	Fahrbericht
Motor Rundschau	3/62	Automatik	Technikbeschreibung
Motor Rundschau	10/62	190	Großtest
Motor Rundschau	14/62	300 SE	Test
auto, motor u. sport	14/62	300 SE	Test
auto, motor u. sport	19/63	300 SE Schaltgetr.	Fahrbericht
Motor Rundschau	14/64	190 D aut.	Test
auto, motor u. sport	10/65	190	Automobilreport
Motor Rundschau	10/65	300 SE lang	Test
Motor Rundschau	1/66	200 aut.	Test
auto, motor u. sport	8/66	200 aut.	Vergleichstest
auto, motor u. sport	10/66	190/220 S	Automobilreport
auto, motor u. sport	11/66	190/220 S	Vergleich
Motor Rundschau	26/67	230 aut.	Fahrbericht
Markt	4/82	200 D	Leserbericht
Markt	8/86	Baureihe	Titelgeschichte
rallye racing	13/88	Renn-300 SE	Reportage
Motor Klassik	12/88	230 S	Vergleich
Motor Klassik	6/89	Renn-300 SE	Reportage

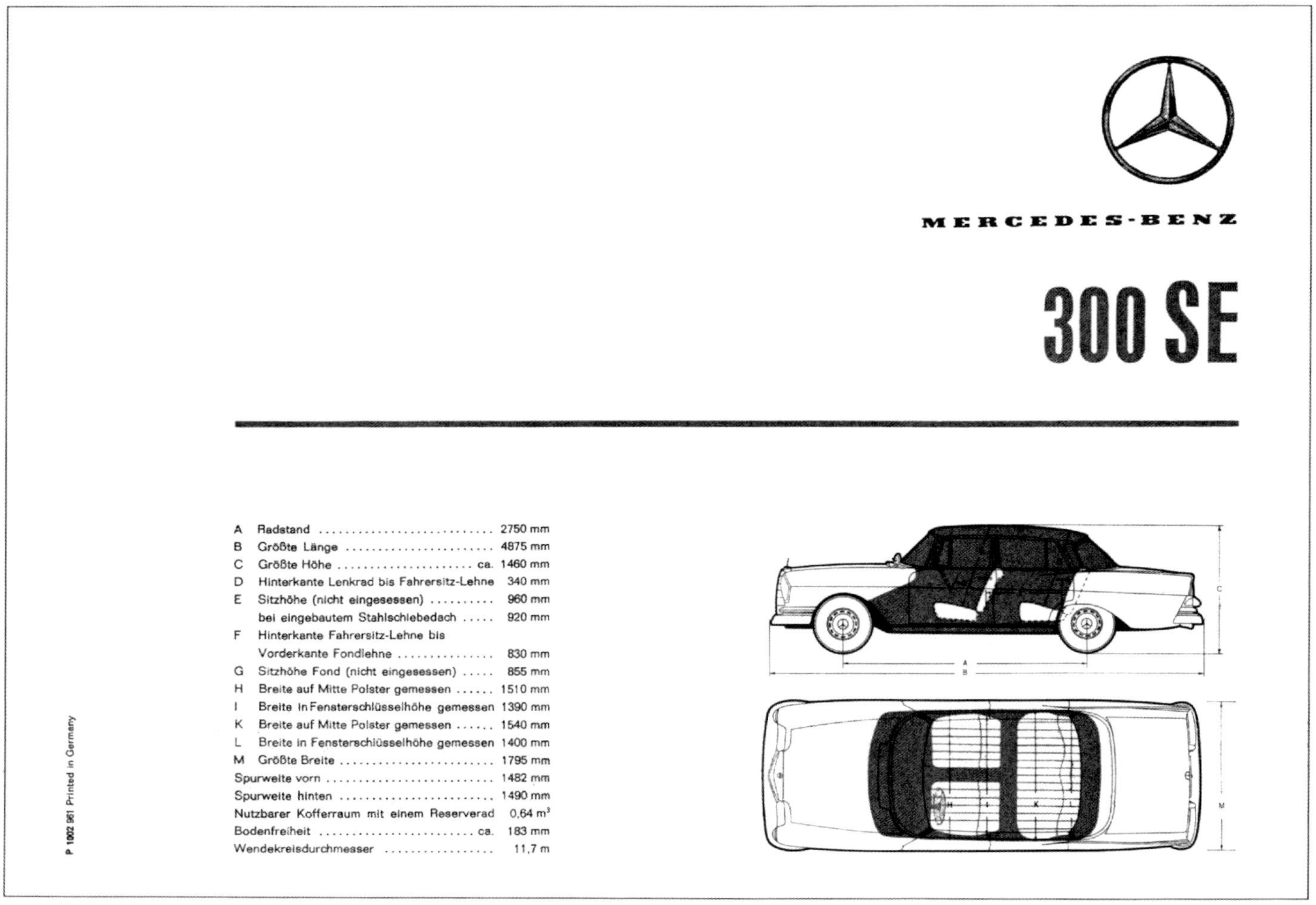

BORON – geballte Kraft, Leistung, Leistung

7-387

CALTEX

...europäischer Spitzenkraftstoff

Gleich nach dem Tanken spüren Sie: BORON, das ist neue Kraft, neue Energie und jugendlicher Schwung. BORON im Tank: da tut sich was. Ob auf freier Strecke oder im Stadtverkehr: blitzschnell reagiert der Motor. Beim Anlassen, beim Beschleunigen, beim Überholen. Sie sind verblüfft, über wieviel Kräfte Ihr Motor verfügt. Alle Kräfte, die im Motor stecken: BORON mobilisiert sie!

Kolbenbeschädigung durch nachglühende Ablagerungen.

Denken Sie an den heutigen Stadtverkehr. Ihr Wagen wird gequält. Buchstäblich. Anfahren. Und schon wieder stoppen. Im Verbrennungsraum, an Ventilen und Zündkerzen entstehen schädliche Ablagerungen. Und die Folge davon? Schlechte Kraftstoffausnutzung, erhöhter Verschleiß an Zylindern und Kolbenringen, Kompressionsverlust.
BORON reinigt den Motor, während Sie fahren. Denn BORON vermindert die Bildung schädlicher Rückstände und baut selbst alte Ablagerungen ab. Das bedeutet glatte Verbrennung, runden Motorlauf. Der Motor wird geschont, die Energie von BORON in maximale Motorleistung umgesetzt.

BORON – der Kraftstoff für maximale Motorleistung

QUELLEN

Bücher:

Oswald, Werner, Deutsche Autos 1945 – 1975, Stuttgart, 1977

Oswald, Werner, Mercedes-Benz Personenwagen 1886 – 1986, Stuttgart, 1986

Hofner, Heribert, Mercedes-Benz Automobile, Band 4, München, 1981

Barthel, Manfred/Lingnau, Gerold, Daimler-Benz – Die Technik, Mainz, 1986

Langworth, Richard M., Mercedes-Benz – Die ersten hundert Jahre, CH Pfäffikon, 1986

Rosqvist, Ewy, Fahrt durch die Hölle, München, 1963

Zeitschriften:

Motor Revue, Stuttgart (verschiedene Nummern)

auto motor und sport, Stuttgart (verschiedene Nummern)

Die Automodelle, Stuttgart (verschiedene Ausgaben)

Motor Rundschau, Frankfurt (verschiedene Nummern)

Das Automobil PKW LKW Bus, Gräfelfing (verschiedene Nummern)

Auto-Parade, Bonn (verschiedene Ausgaben)

Wir fragten 1000 Fahrer, Nr. 31, München, 1962

Schweinwerfer (Mitarbeiterzeitschrift Daimler-Benz, verschiedene Nummern)

Mercedes-Benz in aller Welt (Kundenzeitschrift Daimler-Benz, verschiedene Nummern)

Ponton-Kurier 1/89 (Mitgliederzeitschrift IG Ponton)

Heckflossenrundblick Nr. 20 (Mitgliederzeitschrift Heckflossen IG)

MBC Magazin 1988 (gemeinsame Zeitschrift alle annerkannten Mercedes-Benz-Clubs)

Andere Unterlagen

Material aus dem Archiv des Hauses Daimler-Benz (Archiv, Geschichte, Museum), Stuttgart-Untertürkheim

Geschichte des Werkes Sindelfingen der Daimnler-Benz AG (Werksveröffentlichung, 1986)

Prospekte aus der Sammlung Motor Archiv Kurt Krulik, 4220 Dinslaken-Hiesfeld

Technische Unterlagen und Statistiken Helmut Baaden, 5412 Ransbach-Baumbach

Literaturarchiv Matthias Röcke, 5480 Remagen

Anzeigenseiten

In das Buch wurden verschiedene zeitgenössische Anzeigen aus Zeitschriften eingestreut.

FOTONACHWEIS

Die Fotos dieses Buches stammen von

Heinz-Toni Sesterheim, 5489 Leimbach (66, davon zwölf Repros)

Werksarchiv (36)

Sammlung der Heckflossen IG/Herr Vermersch (21)

Sammlung der IG Ponton/Werksarchiv (14)

Archiv Firma Miesen, 5300 Bonn (12, als Repro)

Archiv der Firma Binz, 7073 Lorch (6)

Helmut Baaden, 5412 Ransbach-Baumbach (4)

Archiv Heel-Verlag (4)

Pressestelle Daimler-Benz (1)

Matthias Röcke, 5480 Remagen (1)

Reinhard Lintelmann (4)

Archiv Dr. Dieter Günther (7)